高职高专畜牧兽医类专业系列教材

# 标准化规模养猪技术

BIAOZHUNHUA GUIMO YANGZHU JISHU

主　编　邓继辉　杨定勇　王振华

重庆大学出版社

## 内 容 提 要

"标准化规模养猪技术"是畜牧兽医类专业的核心课程,是一门理论与实践结合紧密的课程。本书在内容编排上,以猪场标准化创建的内容为主线,以标准化猪场评分标准内容为重点,涵盖了种、养、防、管、建方面的知识与技能,同时也包括了家畜饲养工、家畜繁殖工、兽医防治员、兽医检疫检验员、兽医化验员等职业标准要求掌握的相关知识与技能,实现了课程内容与职业标准对接。与现有教材相比,本书内容架构不同,与畜牧行业转型升级结合紧密,其针对性和实用性更强,有利于学生就业和创业。

本书既可作为高职高专畜牧兽医类专业教材,也可作为养猪从业人员和技术管理人员的重要参考书。

**图书在版编目(CIP)数据**

标准化规模养猪技术/邓继辉,杨定勇,王振华主编. --重庆:重庆大学出版社,2019.5
高职高专畜牧兽医类专业系列教材
ISBN 978-7-5689-1303-4

Ⅰ.①标… Ⅱ.①邓… ②杨… ③王… Ⅲ.①养猪学—高等职业教育—教材 Ⅳ.①S828

中国版本图书馆 CIP 数据核字(2018)第 301068 号

**标准化规模养猪技术**

主 编 邓继辉 杨定勇 王振华
策划编辑:袁文华

责任编辑:文 鹏 涂 昀 版式设计:袁文华
责任校对:邬小梅 责任印制:赵 晟

\*

重庆大学出版社出版发行
出版人:饶帮华
社址:重庆市沙坪坝区大学城西路 21 号
邮编:401331
电话:(023) 88617190 88617185(中小学)
传真:(023) 88617186 88617166
网址:http://www.cqup.com.cn
邮箱:fxk@ cqup.com.cn(营销中心)
全国新华书店经销
重庆俊蒲印务有限公司印刷

\*

开本:787mm×1092mm 1/16 印张:7 字数:175千
2019 年 5 月第 1 版 2019 年 5 月第 1 次印刷
印数:1—2 000
ISBN 978-7-5689-1303-4 定价:20.00 元

# 前　言

　　随着畜牧产业提质转型升级和人们对肉类食品安全的日益重视,生猪标准化规模养殖是现代生猪生产的主要方式,规模化养猪企业已经把标准化养猪技术的要求纳入生产与经营管理的全过程。加快现代化畜禽养殖基地建设和加大新型畜牧生产经营主体培育力度,急需一大批懂技术、善经营、会管理的新型农业经营主体的领办人和家庭农场主,新型职业农民的培养迫在眉睫,相关职业院校对畜牧兽医职业教育的特色教材需求也日益迫切。针对高职畜牧兽医类专业建设和养猪教材的现状,成都农业科技职业学院畜牧兽医分院课程建设团队在长期的养猪生产和养猪教学实践基础上,吸收国内外先进养猪技术和科技成果,结合国家现代畜牧业重点县建设和畜禽标准化养殖场的创建工作,邀请行业专家和兄弟院校养猪专业教师共同研讨,以"服务需求,就业导向"为指导,按照高产、优质、高效、生态、安全的发展要求,根据"品种良种化、养殖设施化、生产规范化、防疫制度化、粪污无害化"标准化养猪场建设内容设计架构课程教材内容体系,以培养先进实用的养猪技术技能型人才,提高养猪的综合生产能力,发展现代畜牧业。

　　本书立足学生职业能力培养,同时兼顾学生未来职业发展,以规模养猪为基础,以标准化生产为核心,在场址布局、栏舍建设、生产设施配备、良种选择、投入品使用、卫生防疫、粪污处理等方面严格执行法律法规和相关标准的规定,并按程序组织生产的过程进行课程设计与内容编排,实现教学过程与生产过程对接。通过标准化生产达到"五化",即品种良种化、养殖设施化、生产规范化、防疫制度化和粪污处理无害化。因地制宜,选用高产优质优良猪种,品种来源清楚、检疫合格,实现品种良种化;养猪场选址布局科学合理,生猪圈舍、饲养和环境控制等生产设施设备满足标准化生产需要和动物防疫要求,实现养殖设施化;建立规范完整的养猪档案,制订并实施科学规范的生猪饲养管理规程,配备与饲养规模相适应的畜牧兽医技术人员,严格遵守饲料、饲料添加剂和兽药使用规定,生产过程实行信息化动态管理,实现生产规范化;防疫设施完善,防疫制度健全,按照国家规定开展免疫监测等防疫工作,科学实施生猪疫病综合防控措施,对病死猪实行无害化处理,实现防疫制度化;畜禽粪污处理方法得当,设施齐全且运转正常,实现粪污资源化利用或达到相关排放标准,实现粪污处理无害化或资源化利用。严格履行行业规范,建立健全生猪标准化生产体系,倡导健全养猪安全体系,加强养猪生产关键技术学习与指导,加快相关标准的推广与应用,着力提升生猪标准化生产水平,使培养的养猪专业人才成为食品卫生安全、生态环境安全和公共卫生安全的守护者和践行者。

本书由成都农业科技职业学院邓继辉、杨定勇、王振华老师担任主编,内江职业技术学院李福泉老师共同参与,完成了书稿的内容编写和修改定稿工作。

因时间仓促,编者水平有限,对职业教育和现代畜牧业认知还处于不断学习和领会之中,对国家出台的相应政策需不断理解,故书中难免出现错误,敬请广大读者和同行专家提出宝贵意见,以期在再版时修改完善。

编　者

2019 年 3 月

Contents

# 目　录

# 项目 1　猪种良种化

**项目导读**

　　猪种是发展养猪业的重要基础,种猪的良种化程度标志着现代化养猪生产水平的高低。通过本项目学习,能识别了解养猪生产中常用的优良猪种,熟悉掌握其主要优良特性和突出的生产性能,以及种猪的引种注意事项,这有助于学生在未来养猪生产的工作与管理岗位上应用与推广,提高其产品的数量与质量,以取得高额的社会经济效益。

　　标准化规模养猪是现代养猪生产方式,要求以良种猪为饲养对象,以良种猪的饲养标准为依据,实施标准化饲养,按照现代养猪生产工艺流程来组织生产,实行科学管理,根据猪的生长需要,为猪的生长生产提供适宜的环境条件,生产出高质量的产品并获得良好的经济效益。

　　饲养优良猪种可提高猪的生产性能、饲料转化率和对环境的适应性,也可以提供更多的优质产品,还能大大提高劳动生产率。优良的遗传素质、高生产性能的猪群和完善繁育制种体系是标准化规模养猪场养猪成败的关键。

## 任务 1.1　常用的优良猪种

　　猪的品种是影响养猪经济效益的重要因素之一,猪的育种工作是使猪群的经济性状得到遗传改良和使生产者获得更大经济效益,为此,在养猪生产中应加大地方猪种的改良,培育新的猪种以及引入优良国外猪种,建立健全猪的繁育体系,开展杂交育种与商品猪生产,充分利用杂交优势提高养猪经济效益与社会效益。最早对中国猪种改良影响较大的有巴克夏猪(Berkshire),目前养猪生产上占主导的猪种有长白猪、大白猪、杜洛克猪和皮特兰猪,以及 PIC 和斯格配套系猪。通过培育优良猪种,并将培育的优良猪种与我国地方猪种进行杂交,培育出优良新型猪种,保留了地方种猪的繁殖力高、肉质好、适应性强等优良特性,改进了其增重慢、饲料转化率低、胴体瘦肉率低等缺点。现代养猪生产饲喂的良种猪的生长周期[从出生到出栏(体重 100 kg)]约在 170 d 以内,皆为瘦肉型品种,瘦肉率在 55% 以上。生产中饲喂数量多,适应性强,生产性能好的优良品种主要有以下7种。

### 1.1.1 长白猪

图 1.1 长白公猪

长白猪原名兰德瑞斯猪,产于丹麦,是世界上分布较广的猪种之一,许多国家从丹麦引进长白猪经过选育培育后成了能适应本国要求的长白猪,如英系长白猪、法系长白猪、德系长白猪等。1964年长白猪首次引入中国。

长白猪全身被毛白色,头狭长,颜面直,耳大前倾,颈肩轻盈,背腰特长,腹部直,后躯发达,体躯呈流线型。成年公猪(图1.1)体重400~500 kg,母猪300 kg左右。该猪种初产仔猪数9~10头,经产母猪产仔数10~11头。在良好的饲养条件下,平均日增重可达到850 g以上,耗料增重比2.6以下,90 kg体重屠宰胴体瘦肉率在62%以上。

此猪种由于增重快、饲料报酬高,皮薄,膘薄,胴体瘦肉率高,母猪产仔数相对较多、泌乳性能较好等优点,在国外三元杂交中常作第一父本或母本,经产母猪产仔数平均可达11.8头,仔猪初生质量可达1.3 kg以上,多用作母本。在我国饲养条件好时杂交效果显著,以长白猪为父本,本地良种猪为母本杂交后代均能显著提高日增重、瘦肉率和饲料转化率。

### 1.1.2 大约克夏猪

大约克夏猪,又名大约克,大白猪(Large White)原产英国,是世界上分布较广、经久不衰的优良猪种。许多国家从英国引进大约克夏猪培育成适合本国养猪生产实际情况的新品系,如加系大白猪、美系大白猪等,在世界猪种中占有重要地位。20世纪初,大白猪最早由德国侨民带入中国。

大白猪全身被毛白色,头中等大小,颜面微凹,耳大直立,背线、腹线平直,四肢高而结实,体躯长,后腿较为丰满。成年公猪(图1.2)体重300~350 kg,母猪250~300 kg。

图 1.2 大白公猪

该猪种初产母猪产仔数10头,经产母猪产仔数12头。在良好的饲养条件下,平均日增重可达900 g,耗料增重比2.6以下,90 kg体重屠宰胴体瘦肉率在61%以上。

由于增重快、饲料转化率高、胴体瘦肉率高、产仔数相对较多、母猪泌乳性能良好等优良种质特性,既可作父本,也可作母本,在欧洲被誉为"全能品种",在我国适应性好,推广数量多,分布广,是深受欢迎的猪种。

### 1.1.3　杜洛克猪

杜洛克猪原产美国,在世界分布广,是世界上著名的瘦肉型猪种,我国从1978年首次从英国引进,其有较好的适应性,已成为我国商品猪的主要杂交亲本之一,尤其是终端父本。

杜洛克猪的被毛棕红色,色泽有深浅之分。头较小而清秀,头大小适中、较清秀,颜面稍凹、嘴筒短直,耳中等大,向前倾,耳尖稍弯曲,胸宽深,背腰略呈拱形,腹线平直,肌肉丰满,四肢粗壮。成年公猪(图1.3)体重350～450 kg,母猪300 kg左右。初产母猪产仔数9头,经产母猪产

图1.3　杜洛克公猪

仔数10头。在良好的饲养条件下,平均日增重可达850 g以上,耗料增重比2.6以下,胴体瘦肉率65%以上。

杜洛克猪具有生长速度快,饲料转化率高,体质强健,抗逆性强,肉质好等优点。但产仔数较少,早期生长较差,在二元杂交中一般作为父本,在三元杂交中多用作终端父本。

### 1.1.4　皮特兰猪

图1.4　皮特兰公猪

皮特兰猪产于比利时。我国引入皮特兰猪的历史相对较短,始于20世纪80年代。

皮特兰猪体型中等,体躯呈方形。被毛灰色,夹有形状各异的大块黑色斑点,头较轻盈,耳中等大小,微向前倾,颈和四肢较短,肩部和臀部肌肉特发达(图1.4)。平均产仔数10头左右,胴体瘦肉率约70%。

皮特兰生长速度和饲料转化率一般,胴体品质较好,突出表现是背膘薄,胴体瘦肉率高,但肉质欠佳,易发生猪应激综合征,产生PSE肉(苍白、松软、渗水肉)。1991年后,利用氟烷基因的鉴别和克隆以及相应基因检测技术,剔除氟烷隐性基因携带者,选育了抗应激皮特兰专门化品系。由于瘦肉率高,繁殖性能欠佳,在经济杂交中多用作终端父本,与应激抵抗型品种(系)母本杂交生产商品猪。可利用皮特兰猪与杜洛克猪杂交,杂交一代公猪作为杂交体系中的父本,既可提高瘦肉率,又可减少应激综合征的发生。

### 1.1.5　PIC猪

PIC猪是由英国一家种猪公司培育出来的配套系猪种,它是在三元和四元杂交制种的基础上发展起来的,通过专门化育种,把不同品系的优点更好地组合在一起,培育出的五元

杂交配套系猪种。PIC猪毛色呈白色,体躯丰满,胸宽深,腿臀肌肉丰满结实,头大小适中,中等耳型,颜面微凹,嘴短直,背腰平直。

PIC猪具有以下特点:一是吃得少,生长速度快,145日龄体重可达100 kg,屠宰率为76.5%,瘦肉率为72.41%,料肉比约为2.4:1;二是产仔多,成活率高,该品种猪含有梅山猪的血缘,繁殖性能、母性与泌乳性能好,产仔率高,每头PIC母猪平均年产2.3窝,每窝平均14~15头,成活率高达98%;三是胴体瘦肉率高,背膘薄,肉质鲜嫩,肌间脂肪均匀,平均瘦肉率超过70%;四是免疫力强,对环境适应性较好,性情温驯,易管理,猪应激基因检测显阴性。

### 1.1.6 斯格猪

斯格猪(Seghers)原产于比利时,是专门化品系杂交成瘦肉型猪,用比利时长白、英系长白、荷兰长白、法系长白、德系长白及丹麦长白育成。

斯格猪外貌与长白猪比较相似,被毛白色,头清秀,耳大前倾,嘴筒比长白猪略短,背宽,胸宽深,后腿和臀部十分发达,四肢比长白猪粗短。

斯格猪生长迅速,仔猪10周龄体重达27 kg,170~180日龄体重达90~100 kg,平均日增重650 g以上,饲料利用率为2.85~3.0。初产母猪平均产活仔数为8.7头,初生重为1.34 kg,成年母猪平均产活仔数为10.2头,仔猪成活率达90%以上。

斯格猪生长发育较快,饲料报酬很高,尤其是胴体性状极佳。屠宰率为77%,背膘薄,眼肌面积特别大,达45.28 cm²,后腿比例很大,达33.22%,瘦肉率达65%以上。缺点是个别瘦肉率过高的猪携带应激综合征(Pss)基因,比较容易发生应激综合征,受到驱赶、运输、惊吓等应激,可出现肌肉僵直、后躯肌肉震颤、呼吸困难、口吐白沫,最后因心脏衰竭而死亡。由于应激,屠宰容易出现PSE肉。

### 1.1.7 太湖猪

太湖猪是世界上产仔数最多的猪种,享有"国宝"之誉,苏州地区是太湖猪的重点产区。根据产地不同分为二花脸、梅山、枫泾、嘉兴黑和横泾等类型。

太湖猪体型中等,被毛稀疏,黑或青灰色,四肢、鼻均为白色,腹部紫红,头大额宽,额部和后驱皱褶深密,耳大下垂,形如烤烟叶。四肢粗壮、腹大下垂、臀部稍高、乳头8~9对,最多12.5对。

太湖猪的特性为:

①繁殖性能高,太湖猪的高产性闻名世界,是我国乃至全世界猪种中繁殖力最强、产仔数量最多的优良品种,尤以二花脸、梅山猪繁殖性能最为突出。初产平均12头,经产母猪平均16头以上,三胎以上可产20头,优秀母猪窝产仔数可达26头,曾创纪录产过42头。太湖猪性成熟早,公猪4~5月龄精子的品质即达成年猪水平,母猪两月龄即出现发情,据报道,75日龄母猪即可受胎产下正常仔猪。太湖猪护仔性强,泌乳力高,起卧谨慎小心,仔猪被压概率较低,仔猪哺育率及育成率较高。

②肉质鲜美、风味独特,太湖猪早熟易肥,胴体瘦肉率为38.8%~45%,肌肉pH值为6.55,肉色3分。肌蛋白含量为23%左右,氨基酸含量中天门冬氨酸、谷氨酸、丝氨酸、蛋氨酸

及苏氨酸比其他品种高,肌间脂肪含量为 1.37% 左右,肌肉大理石纹评分 3 分。

太湖猪杂交优势强,遗传性能较稳定,与瘦肉型猪种结合杂交优势强,最宜作杂交母体。

# 任务 1.2　猪种的引进

发展养猪生产,引种是必需的,而种猪引进应严格按照引种审批和 GB 16567—2006 的规定执行,不得从疫区引进种猪,应符合当地品种繁育和改良规划,应来自种猪性能测定中心或具有种畜禽生产经营许可证的种猪(畜)场,且具有出场合格证书。现代化养猪生产要树立科学的引种理念,对种猪市场有敏锐的洞察力和前瞻性的眼光,分析近年生猪价格周期变化,根据养猪生产周期、运输成本和疾病防控状况,结合养猪生产发展战略和猪场经营策略,在合适的时机引种,才能更好地发挥引种优势,降低引种成本,提高养猪社会与经济效益。

引种包括引进个体和优良个体的精液,生产中引进个体较为常见,在个体引种时应注意以下 6 个方面。

**1) 制订引种计划**

(1)猪种选择

种猪的选择应符合当地生猪改良推广计划、引种场发展战略和养猪生产发展的要求,猪种具有优良的生产性能、较强的适应性和抗逆力,并根据猪场自身的生产方向和生产条件确定引进猪种。

(2)防疫

按照"种畜禽调运检疫技术标准(GB 16567—2006)"的要求,引种前应通过当地畜牧兽医部门等多种渠道详细了解引种地和引种场的疫情,重点调查了解引种猪场近 6 个月内的疫情情况,查看调出种猪的养殖档案和预防接种记录,调出种猪于起运前 15 ~ 30 d 内在原种猪场或隔离场进行检疫,并作详细记录,一旦发现有一类传染病及如布鲁氏菌病和猪密螺旋体疫情时,应停止调运。引种到场后在隔离观察期内要进行群体与个体检疫,对口蹄疫、猪瘟、猪水疱病、猪支原体性肺炎、猪密螺旋体等疾病作临床检查和实验室检验。

从国内引种须具当地主管部门签发的检疫证明和非疫区证明;从国外引种须具出入境检验检疫证明。

(3)引种季节

应注意引入地与引种地的季节差异,避开严寒和酷暑季节引种。

(4)隔离场地准备

种猪到场后根据检疫需要,还需在隔离场观察 15 ~ 30 d,为此隔离观察场地要准备好消毒、抗应激及其他药品,并配备兽医和具有丰富经验的专职饲养管理人员。

**2) 选择种猪**

符合所引猪种的标准,在挑选个体时既要看个体本身表现,包括品种特征、体质外形,健康与发育状况,还要进行系谱审查。若亲代及同胞生产性能差、含有害基因和遗传疾病,本家系的个体不宜选择,选择的个体最好来自多个家系,公猪个体间没有亲缘关系。

（1）体型外貌

种猪的整体结构应匀称，各部位之间结合良好、自然，膘情适中，四肢结实、有力，无畸形腿和踏蹄。

（2）生产性能

种猪的生长速度、饲料报酬、背膘厚度等生长发育性能应达到或超过群体的平均水平，膘情适中。无生长发育性能记录的，将系谱查阅其亲属的生产性能作为参考，无遗传疾病的记录。

（3）外观和行为

猪只皮毛光滑、精神状况良好、采食正常，对外界反应敏感。公猪性欲旺盛、会爬跨、阴茎时常伸出。母猪性情温顺。

（4）生殖器官和乳房

公猪睾丸发育良好，轮廓均匀，左右大小一致，无单睾、隐睾、阴囊疝等遗传疾病，包皮没有明显积尿。母猪阴户大小适中，发育正常，奶头6对以上，排列整齐、均匀，无瞎奶头、内翻奶头、副奶头等无效奶头，达初情期时，乳腺组织发育明显。

**3）种猪运输**

按照"种畜禽调运检疫技术标准（GB 16567—2006）"执行。种猪装运时，当地畜禽检疫部门应派员到现场进行监督检查，运输车辆应宽敞，装载种猪不能太拥挤，运载种猪的车辆、船舶、机舱以及饲养用具等必须在装货前进行清扫、洗刷和消毒，经当地畜禽检疫部门检查合格，发运输检疫证明。长途运输最好用笼具分个体包装，若不用笼具应在车厢内铺上一层河沙或垫草。运输途中，不准在疫区车站、港口、机场装填草料、饮水和有关物资。运输途中，应给猪只喂清洁饮水或青绿瓜果饲料以补充水分，押运员应经常观察种猪的健康状况，发现异常及时与当地畜禽检疫部门联系，并按有关规定处理。

**4）隔离观察期饲养管理**

（1）饲养

引进的种猪到场后应根据原来饲养习惯，创造良好的饲养隔离条件，选择适宜的日粮类型和饲养方法，避免不必要的损失。第1天停料，补充饮水和青绿饲料，在饮水中投喂维生素C、电解多维等抗应激药物。对应激反应严重的个体注射肾上腺素、地塞米松等。第2天开始喂料，所采用的饲料为引种场的饲料，之后逐步过渡到引入场的饲料。

（2）预防性投药

种猪进场1周后，进行脉冲式拌料给药，预防腹泻、肺炎等一般性疾病。

（3）进场免疫

种猪进场1～2周后，根据供方免疫记录、病原检测结果、隔离观察的表现等情况，对引进种猪及时免疫，免疫须与预防性投药错开。

（4）驱虫

种猪进场3周内驱除猪体内外寄生虫1次。

（5）隔离

种猪进场后的隔离按"畜禽产地检疫规范（GB 16549—1996）"执行。种猪进场后了解当地疫情，确定是否来自疫区，并检查按国家或地方规定必须强制预防接种的项目是否处在免疫有效期内。同时进行临床健康检查,群体检查进场猪群的精神状况、外貌、营养、立卧姿势和呼吸情况,运动时头、颈、腰、背、四肢的运动状态,饮食、咀嚼、吞咽时反应状态,以及排便时姿势,粪尿的质度、颜色、含混物和气味。

群体检查或抽样检查(5%～20%)发现异常的个体时,主要检查精神外貌、营养状况、起卧运动姿势,以及皮肤、被毛、可视黏膜、天然孔、鼻镜、粪、尿等。触摸皮肤(耳根)温度、弹性,胸廓、腹部敏感性,体表淋巴结的大小、形状、硬度、活动性、敏感性等,必要时进行直肠检查。叩诊心、肺、胃、肠、肝区的音响、位置和界限,胸、腹部敏感程度。听叫声、咳嗽声、心音、肺泡气管呼吸音、胃肠蠕动音等。检查体温、脉搏、呼吸数。检查渗出物、漏出物、分泌物、病理性产物的颜色、质度、气味等。若检出传染病时,按有关兽医法规处理。

**5)转群**

按照"种畜禽调运检疫技术标准(GB 16567—2006)"要求,种猪隔离观察结束,经兽医诊断检查确定健康后,方可转入生产群,供繁殖和生产使用。

**6)病死猪处理**

病死猪按"病害动物和病害动物产品生物安全处理规程(GB 16548—2006)"规定进行无害化处理。

 **小常识**

猪(Susscrofa domestica),哺乳纲,偶蹄目,猪科,杂食类动物。一般多指家畜。猪体肥,性温驯,适应力强,易饲养,繁殖快。猪出生后5～12个月即可配种,妊娠期约为4个月。猪的平均寿命为20年。

1. 猪的起源是什么?
2. 家猪与野猪有何差异?
3. 人类为何养猪?
4. 生产中为何推行标准化养猪?

 **思考作业**

1. 在养猪生产中常用哪些猪种?其各有何优缺点?
2. 在猪种引进中应该注意哪些问题?

# 项目 2　养殖设施化

🔖 **项目导读**

随着现代畜牧业的推进和劳动力的减少,信息化手段和现代设备设施将广泛应用于畜牧业,设施养殖将成为现代养猪的重要标志。通过本项目的学习,了解猪场选址与猪场科学布局,熟悉生产设备设施和猪场防疫要求,掌握圈舍设备设施使用方法,能把科学技术与先进设备应用于养猪生产,提高科技对养猪生产的贡献率。

---

修建标准化猪场,通过科学选址布局,合理设计栏舍,使用先进饲喂、饮水、通风换气、温度调节等生产设备,以满足标准化生产需要和动物防疫要求,为猪健康生长发育提供有利条件,使疫病得到较好控制,实现全进全出,达到高产、优质、高效、生态、安全要求,提高养猪经济效益。

## 任务 2.1　猪场的选址与布局

猪场是养猪生产较直接和重要的外部环境条件之一,正确选择场址并进行合理的规划与布局,是猪场建设的关键,既可方便生产管理,也为严格执行防疫制度打下良好的基础。

### 2.1.1　猪场选址

养猪场的场址选择对猪生产至关重要,是建设猪场的前提和重要组成部分,它不仅关系到种猪场本身的生产、经营、管理和可持续发展,而且还关系到当地生态环境的保护。根据规模猪场建设(GB/T 17824.1—2008),在场址选择时应主要考虑以下两个方面:

**1)长远规划**

养猪业是一个长期的产业,应符合国家和当地养殖业规划布局、城乡统筹、社会发展等的需要,选择的场址要有足够的拓展空间。随着食品安全防控的严格要求,新建养猪场要进行环境评估,确保猪场不污染周围环境,也不被其他养殖场、屠宰场以及食品加工厂等污染,有利持续健康发展,避免盲目兴建。

一个标准化猪场要在激烈的竞争中求生存、创效益、求发展,必须在选择和建立一个经济有效并发挥猪的最大生产潜力的场址和猪舍之前,应根据《中华人民共和国环境保护法》和《中华人民共和国环境影响评价法》进行环境影响的评估,形成环境影响评估报告。

(1)建设猪场项目环境影响报告

建设猪场项目环境影响报告主要包括以下7项内容:

①拟建猪场项目背景概况:阐述建设猪场项目的原因背景,以及政策依据,是否合乎产业发展的需要,对拟建项目的合理性和编制环评报告的法律和技术要求做一简单的说明。

②拟建场址周围的环境现状:主要对拟建猪场外部环境情况作出描述,对规划场址的合理性要按照猪场选址的技术要求进行,应选择地势高燥,地下水位低,土壤通透性好,利于通风,1 km内无学校、医院、居民聚居区、铁路和其他畜禽养殖场,3 km内无垃圾、污水处理厂、水源保护区和旅游风景区,以及交通、能源方便,取水便利等地方,并对项目选址和规划的合理性进行说明。

③猪场可能对环境造成影响的分析、预测和评估:主要从环境空气质量、地下水质量、声音环境质量和周围环境生态质量的影响来分析、预测和评估,拟建项目是否对其有影响,要按照国家相关的质量标准进行评价。

④猪场环境保护的措施及其技术和经济论证:生态的保护、水质的保护、噪声的管理、污水的处理和排放必须达到国家的标准,如果没有国家标准的,按照地方和行业标准执行。

⑤猪场对环境影响的经济损益分析:通过施工期、运营期工艺流程分析,从生产工艺流程和污染工序的控制、污染物的治理和排放措施、环境风险分析、对生物安全的影响、项目所处地域的条件以及预期处理的结果,作出对周围环境影响的经济损益分析。

⑥对猪场实施环境监测的建议:结合以上分析,提出对项目实施应该如何对环境的保护采取的措施、加强管理、重视环保、专人管理、科学生产、达标排放等。

⑦拟建项目对环境影响的评价结论:项目合乎国家产业发展的政策,对环境的保护不会造成重大的影响,而且有具体的环境保护的措施和生产工艺,对周围环境的影响和生态的保护都能做得很好,对大气和水质不会造成污染,对污物有治理和排放的设施设备和管理措施,选址规划合理,环境影响的评价结论合格。

(2)编制环境影响报告主要流程

了解拟建猪场项目背景和概况—收集猪场有关的基础资料和数据—到拟建猪场现场踏勘—委托环保部门进行环保监测—编制环评报告—组织有关专家和环保部门进行评审—修订拟建项目猪场的环评报告—提交正式环评报告报批—获得主管部门批复后进行猪场的选址和规划,进行猪场建设。

只有环境影响评估合格,按照规模猪场建设(GB/T 17824.1—2008)的规模猪场环境参数及环境管理的要求,并经过有关部门批准后才能修建猪场,建设一个规模猪场的总体要求是:地势高、通风、干燥、卫生、冬暖、夏凉、环保、建设布局和生产工艺科学合理有序。

**2)现场规划**

猪场场址的选择,应根据猪场的性质任务、生产规模、生产特点、饲养管理方式、集约化程度等方面的实际情况,对场地的地形地势、水源水质、土壤特性、自然气候条件、饲料能源供应、交通运输,以及与工厂、居民点、其他畜禽养殖场和屠宰加工场距离等进行全面考虑,同时对当地农业生产、产品销售、猪场粪污就地处理能力等社会条件进行全面调查,综合分析后再做出决定。猪场场址选择主要考虑以下 8 个因素。

(1)地势地形

猪场地势要求较高、干燥,背风向阳,平坦或有缓坡,坡度在20%以下。地势平坦方便猪舍摆放和合理布局。地下水位低于 2 m,最好有5%左右的坡度,方便排水。地势低洼和地下水位高的地方易于潮湿和积水,夏季通风不良,空气闷热,易滋生蚊蝇和微生物,而冬季阴冷。丘陵山地,应尽量选择阳坡,坡度不得超过20%,以免给建筑施工和猪场转运饲料和猪只带来不便。在寒冷地区要避开西北方向的山口和长形的谷地,减少冬春季风雪的侵袭,炎热地区不宜选择山坳和谷底建场,避免闷热、潮湿和通风不良。

地形要求开阔整齐,有足够的面积。猪场生产区面积一般按每头能繁母猪40～50 m²、商品猪3～4 m²考虑,猪场生活区、行政管理区、隔离区另行考虑,并须留有发展的余地。地形狭长和不规则地块不利于场地的规划和猪舍布局,也不利于建筑和施工,同时也使猪场的卫生防疫和生产管理不便,因此不是建猪场的好地方。

场址选择不得位于《中华人民共和国畜牧法》明令禁止的区域,应遵循节约用地、不占或少占农田、不与农民争地的原则,尽量选择荒地、山地和河滩地等不利于作物生长的地方。充分利用自然的地形地物,比如溪水、河流、山林、沟渠等作为猪场的天然屏障,并远离垃圾处理厂、化工厂、粪便处理厂、屠宰场、污水处理厂和其他污染源。如图 2.1 和图 2.2 是分别在丘陵山里和开阔位置建猪场的现场照片。

图 2.1　丘陵山里建猪场　　　　　　　　图 2.2　开阔位置建猪场

(2)水源

猪场水源要求水量充足,水质良好便于取用和进行卫生防护,便于净化消毒,符合 NY 5027 的规定,达到环保要求。水源水量要满足场内生活用水,猪只饮用及饲养管理用水(如清洗调制饲料、冲洗猪舍、清洗机具、用具等)。

建场之初就应考虑水源保障,在条件好的地方应选择水质较好的自来水,在农村应选择地下深井水,水井应加盖密封,防止污物、污水进入,水源周围 100 m 内不得有污染源。如用地表水作饮用水时,应根据水质情况进行沉淀、净化、消毒处理后才可饮用。一般每升水加6～10 g 漂白粉或0.2 g 百毒杀处理。放牧的猪最好不饮沟洼地的积水、雨水等。水质要符合《无公害食品——畜禽饮用水水质》标准。合格饮水要求达到无色、透明、无异味,每升水中大肠杆菌数不超过 10 个,pH 值在 7.0～8.5,水的硬度在 10～20 度等。为确保水质良好,猪场都应该至少每年一次对猪的饮水质量进行监测(检测项目见表 2.1)。硬度过大的水一般可采取饮凉开水的方法降低其硬度。高氟地区,可在饮水中加入硫酸铝、氢氧化镁以降低氟含量。保证饮水器具卫生,对饮水器具要每天进行清洗,尤其运动场上的饮水器具容易脏污,注意除尘土保卫生。

表 2.1　饮水水质检测项目

| 检测项目 | 标准值 | 单位 |
|---|---|---|
| 色度 | <5 | |
| 浑浊度 | <2 | |
| 臭气 | 无异常 | |
| 味 | 无异常 | |
| 氢离子浓度(pH 值) | 5.8～8.6 | |
| 硝酸氮及亚硝酸氮 | <10 | mg/L |
| 盐离子 | <200 | mg/L |
| 高锰酸钾使用量 | <10 | mg/L |
| 铁 | <0.3 | mg/L |
| 普通细菌 | <100 | 个/L |
| 大肠杆菌 | 未检出 | |
| 残留氯 | 0.1～1.0 | mg/L |

各类猪每头每天的总需水量与饮用量分别是:种公猪 40 L 和 10 L,配种与妊娠母猪 40 L 和 12 L,泌乳母猪 75 L 和 20 L,断奶仔猪 5 L 和 2 L,生长猪 15 L 和 6 L,育肥猪 25 L 和 6 L,供参考。

在舍饲条件下,多采用自动饮水器供水(表 2.2),一般情况下猪每消耗 1 kg 干饲料需饮水 2～5 L,或者 100 kg 体重猪只每天耗水量为 7～20 L。

表 2.2　水量的需求与水嘴流量的要求

| 项　目 | 体重/kg | 日需水量/L | 水嘴流量/($mL \cdot min^{-1}$) |
|---|---|---|---|
| 断奶仔猪 | 6 | 0.19～0.76 | 500 |
| 断奶仔猪 | 10 | 0.76～2.5 | 500 |
| 生长猪 | 25 | 1.9～4.5 | 700 |
| 育肥猪 | 50 | 3.0～6.8 | 700 |
| 育肥猪 | 110 | 6.0～12.0 | 1 000 |
| 怀孕母猪 | 180 | 7.0～17.0 | 1 000 |
| 哺乳母猪 | 180 | 14.0～29.0 | 1 500 |

(3)能源

大中型猪场为确保防暑降温、通风换气、照明保温、饲料加工、消毒冲洗等设备设施的运转,均需要充足能源作为保障。养猪场对电力的需求量较大,电力负荷等级为民用建筑等级

图2.3 发电设备

二级,要求供应充足,供电稳定。建议配备变电室,其配备的位置根据以下因素综合考虑:一是接近全场用电负荷中心,方便大型用电量设备;二是接近场外供电线路;三是进出线方便,有利维修。也可备用柴油发电机组,要距离产房和妊娠母猪舍相对较远,避免噪声污染。(图2.3),其他燃料应就近供应。在建有沼气发生设备的规模猪场中,还可以利用沼气发电。

(4)交通

猪场建设应适当考虑交通便利,尽量减少饲料、猪只转运等成本,出于对防疫卫生安全和环境保护的考虑,要求猪场建在较安静偏僻的地方,合理确定猪场场址与交通道路的距离,不能太靠近公路和铁路主干线,一般来说,猪场距铁路、国家一、二级公路不少于300 m,最好1 000 m以上,距离三级公路不少于150 m,距离四级公路不少于50 m。根据猪场防疫与生产经验,距交通主干道1 000 m,一般公路500 m可视为合理。

(5)卫生防疫

防止猪场成为公共卫生的污染源而污染周围环境和被其他污染源而污染,猪场与居民点、医疗机构、化工厂、屠宰场、垃圾处理厂、其他畜禽养殖场及屠宰场与交易市场保持适当距离,避免相互污染。为了保持良好的卫生防疫条件,猪场应选择在地势高且干燥、地形开阔、通风良好的地方,位于建筑群及居民区当地常年主风向的下风方向,畜禽屠宰场、交易市场的上风方向。距畜禽交易市场、城镇居民聚居区不少于1 000 m,距屠宰场不少于2 000 m,距其他畜禽场、动物集贸市场和动物诊疗场所不少于3 000 m。种猪场若利用防疫沟、隔离林或围墙将猪场与周围环境分隔开,可适当减少间距以方便运输和对外联系。同时还要选择优良的适合猪场实际的生产工艺,做好场内绿化。

(6)粪污处理

猪场要远离饮用水源,避免环境污染、生态失衡。粪便处理,倡导固液分离,尿液污水尽可能就地处理或资源化利用,达标后排放,要求猪场周围必须配备排放系统,固体废弃物发酵后进行生态循环利用,最好粪便发酵后直接还田和沼气发电,也可作为花卉果蔬肥料和食用菌培养材料,也可鱼塘养殖。

(7)场地面积

占地面积依据猪场生产任务、性质、规模和场地的总体情况而定。要求建筑合理紧凑,在满足当前生产需要的同时,应考虑将来发展的可能性。总占地面积和猪舍建筑面积可参照规模猪场建设 GB/T 17824.1—2008 的要求。

种猪场占地总面积按每头基础母猪60～70 m² 计算;生产区面积一般可按每头基础母猪40～50 m² 计划;猪舍总建筑面积每头基础母猪不低于10 m²,可按15～20 m² 计算;猪场的办公室、食堂宿舍、饲料加工室、兽医诊疗室、人工授精室、水塔、维修消毒室等辅助建筑总面积按每头基础母猪2～3 m² 计算。每头不同规模种猪场占地面积的调整系数为:大型场0.8～0.9;中型场1.0;小型场1.1～1.2。一般一个年出栏万头育肥猪的大型商品猪场占地面积30 000 m²(3 hm²)为宜。

现代设施化猪场采用三点式饲养工艺后,会比传统猪舍节约面积,如 2 500 头基础母猪用地 80～100 亩(1 亩 = 666.667 m²)就能将公猪、后备母猪、产房、妊娠等所有设施建好。在欧美养猪业发达国家采用全环境控制设施的大型现代化种猪繁育设备后,由于养猪舍内环境的全自动化、智能化,使一栋猪舍可容纳上千头母猪,因此大大节约了占地面积和人工成本,但相应增加了投入和运行成本。

(8)其他要求

土壤要求透气性好,易渗水,热容量大,这样可避免雨后道路泥泞,也可抑制微生物、寄生虫和蚊蝇的滋生,使场区昼夜温差较小,所以选择沙壤土最为理想。沙壤土导热性好,温度稳定,有利于土壤的自净及猪只的健康和卫生防疫,此外,沙壤土含水量小,具有较高的抗压性,较小的膨胀性,是猪场建筑的理想地基。土壤虽有净化作用,但是许多微生物可存活多年,故应避免在旧猪场或其他畜牧场上建造猪场。

场址应满足建设工程需要的水文地质和工程地质条件。还必须遵守社会公共卫生和兽医卫生准则,使其不成为周围环境的污染源,同时不受周围环境的污染。

以下地段或地区不得建场:水源保护区、风景名胜区、自然保护区、城镇居民区、环境污染严重、畜禽疫病常发区、山谷洼地等易受洪涝区、旅游区及工业污染严重的地区,以及法律法规规定需要特殊保护的其他区域建场。

## 2.1.2　猪场布局

猪场场地选定后,根据有利防疫,改善场区小气候,方便饲养管理,节约用地等原则,考虑当地气候、风向、场地的地形地势、猪场各种建筑物和设施的大小及功能关系,规划全场的道路、排水系统、场地绿化等,安排各功能区的位置及每种建筑物和设施的位置与朝向。

### 1)总体规划布局

猪场在总体布局上应遵循如下原则:在保证防疫卫生要求的前提下,按最佳生产联系安排各功能区和各建筑物的位置。生产区和生活管理区区分开,健康猪与病猪分开,净道与污道分开,出口与入口分开,互不交叉。净道是场区健康猪群和饲料等清洁物品转运的专用道路,污道是场区内用于垃圾、粪便、病死猪等非洁净物品转运的专业通道。公共道路分为主干道和一般道路,各功能区之间道路连通形成消防循环道,主干道连通场外道路。一般主干道宽 4 m,其他道路宽 3 m,路面以混凝土或砂石路面为主,转弯半径不小于 9 m,场区内道路纵坡一般要小于 2.5%。

由于我国地处北半球,为了采光和通风良好,种猪舍建设应尽量坐北朝南,根据地势差异,也允许有一定的偏斜,一般是偏东不超过 15°为宜,尽可能地做到冬暖夏凉。但是对于人工控制气候的现代化养猪场,对方位要求就不是十分严格。

现代化种猪场总体布局主要从立体卫生防疫体系和生产管理的角度出发,按功能将猪场划分为四个功能区:生活区、生产管理区、生产区、隔离区。各个功能区之间的间距不少于50 m,并有防疫隔离带或围墙。猪场四周设围墙,大门口设置值班室、更衣消毒室和车辆消毒通道。

生活区和生产管理区应位于生产区常年主导风向的上风向及地势较高处,生产区包括猪舍和生产设施,是猪场的主要建筑区,应在场区中间地带,设在主风方向的上风口。生产辅助建筑应围绕生产建筑布置,以利生产。隔离区应位于在场区常年主导风向的下风及地势较低处。管理区与生产区建筑物间距不低于 20 m,生产区与引种隔离区建筑物间距不低于 50 m。

猪场与外界应有专门道路相连通。人行和运输饲料及产品走净道,运输粪便、病猪和废弃设备走污道,净道与污道不得交叉与混用。场区内外及道路两侧种植花草树木,美化环境,减小噪声,净化空气,同时防暑、防寒,改善猪场小气候。场区外围建立隔离林带、防御沟和围墙。猪场总体分区规划示意图如图 2.4 所示。

图 2.4　猪场总体分区规划示意图

### 2)场区布局

猪场一般可分为 4 个功能区,即生产区、生产管理区、隔离区和生活区。为便于防疫和安全生产,应根据当地全年主风向与地势,顺序安排以上各区,即生活区→生产区→生产管理区→隔离区。必须保证生产管理区与生产区保持 200 ~ 300 m 距离,生产区与隔离区保持 300 m 以上的距离。

(1)生活区布局

生活区包括工作人员的生活设施(宿舍、食堂)、文化娱乐设施和运动场等,是管理人员和家属日常生活的地方,设在猪场大门外面,同时也应便于与外界联系。为保证良好卫生条件,避免生产区臭气、尘埃和污水的污染,一般位于生产区主风向的上风向或侧风向,以及地势较高处。

(2)生产管理区布局

生产管理区包括办公设施,含有办公室、财务室、接待室、资料室、值班室、消毒室、保管室。办公生活区应远离生产区,并且置于优越的位置。生产管理区的规划要方便对猪场人员和猪只的管理,特别是对外来人员、车辆的消毒管理(图 2.5)。

(3)生产区布局

生产区包括公猪舍、空怀配种舍、妊娠母猪舍、分娩母猪舍、后备舍、测定舍、保育舍、生长育肥舍等。生产区禁止一切外来车辆与人员进入,利于防疫,各猪舍由料库内门领料,用场内小车

图 2.5　车辆防疫消毒通道

运送,在靠围墙处设装猪台,售猪时由装猪台装车,避免外来车辆进场。

生产区布局原则:一是生产区规划要有利于猪群防疫和管理的原则。猪舍之间要有道路或走廊相连,减少水、电、供暖线路的距离,以提高工作效率。二是猪舍朝向应兼顾通风、采光、防火、防疫的要求,一般坐北朝南偏东 15°~30°最好,猪舍纵向轴线与常年主导风向之间夹角为 30°~60°。三是两排猪舍前后间距不小于 8 m,左右间距应大于 5 m。为方便周转运输猪群,在未实施多点式饲养情况下,由上风向到下风向按照生产工艺流程修建猪舍顺序为:公猪舍、空怀配种舍、妊娠母猪舍、分娩母猪舍、仔猪保育舍、生长猪舍和育肥猪舍,以方便对猪只的管理。四是在生产区入口处,应设专门的消毒室和消毒池,生产人员进出要走专用消毒通道,该通道由更衣间、淋浴间和消毒间组成。五是生产区的道路,按用途大致可分为人行道、饲料道和运猪道、运粪道。六是配套设施齐全,可调控猪舍小环境气候,南方以防潮隔热和防暑降温为主,北方以防寒保温和防潮防湿为重点。

生产辅助建筑布局。生产辅助建筑主要包括饲料间、人工授精室、水塔、锅炉房、仓库、配电室、屠宰室、装猪台、出粪台、沼气池、人员消毒间、车辆消毒间及道路等。图 2.6 为人工授精室的一角。

图 2.6　人工授精室一角

生产区辅助建筑应注意饲料间与装猪台应设在生产区的边界。水源、电源应靠近各猪舍,方便使用,减少浪费。水塔与猪舍要有高差,应安排在猪场最高处,以保证猪舍饮水。

(4)隔离区布局

隔离区包括兽医室、隔离猪舍、病死猪处理区、粪便污水处理设施等,具有较大生物学危险性,是卫生防疫的重点防范区。隔离猪舍应远离生产猪舍,且处于常年下风向或侧风向。无害化处理设施应设于主风向的下风口。粪便污水经过专用管道集中发酵或生态处理,排水沟应该有 1%~3%的坡度,可结合实际,充分利用,也可以经处理达到国家规定的《畜禽养殖业污染物排放标准》(GB 18596—2001)的排放标准后排放。

3)绿化

绿化作为防御屏障可加强生产区的保护,是猪场卫生环境改善的有效手段之一,它不但对猪场环境的美化和生态平衡有益,而且对猪场员工生活、工作、生产也会有很大的促进作用。绿化对于建立人工生态型养猪场起着十分重要的补充和促进作用。

猪场绿化。做好场区的绿化建设,不仅能美化猪场环境,吸收有毒有害气体,减轻异味,改善猪舍内外环境条件,而且能为职工工作、猪只生长创造一个舒适健康的生产环境,进而可以有效地提高劳动生产效率。

猪场绿化可吸收大气中有害、有毒物质,过滤、净化空气,减轻异味。集约化猪场由于饲养量大,密度高,由猪舍内排出的二氧化碳较集中,同时也有少量的氨、硫化氢、二氧化碳和一氧化碳等有害气体排出,由于猪场的绿化植物进行的光合作用可大量吸收二氧化碳,释放新鲜氧气。同时,许多植物对多种有害气体都具有较强的吸附性。

猪场绿化可调节场区气温,改善场区小气候。树木通过遮阴,减少太阳光照辐射,树木和草地叶面面积分别为种植面积的75倍和25～65倍。叶面水分蒸发可吸收大量热量,减少辐射热50%～90%,因而使绿化环境中的气温比未绿化地带平均降低2～5 ℃(10%～20%)。降低风速,截留降水、蒸腾等作用,可形成舒适宜人的场区小气候。

猪场绿化可减少场区灰尘及细菌含量。在养猪生产活动中经常导致舍内空气含有大量灰尘,从而给病原微生物提供了载体,猪舍内尘土飞扬对猪只健康构成直接威胁,因此猪舍内空气中的微生物数量比大气中的要多得多。据报道,母猪产仔栏内每升空气中有细菌800～1 000个,育肥猪舍有300～500个。通过绿化植物叶子吸附和黏滞作用,使空气中含微粒量大为减少,因而使细菌的附着物数目也相应减少。吸尘的树木经雨水冲刷后,又可以继续发挥除尘作用,同时许多树木的芽、叶、花能分泌挥发性植物杀菌素,具有较强的杀菌力,可杀灭一些对人畜有害的病原微生物。

猪场绿化可净化水源。树木是一种很好的水源过滤器。猪场大量浑浊、有臭气的污水流经较宽广的树林草地,深入地层,经过过滤可以变得洁净、无味,使水中细菌含量减少90%以上,从而大大地改善猪场水质。

猪场绿化可降低噪声。猪场内部的交通运输工具、饲料加工和送料机械、粪尿清除产生的声音以及猪本身的鸣叫、采食、走动、斗殴都能产生噪声。这些噪声对猪群的休息、采食、增重都有不良影响。树木与植被等对噪声具有吸收和反射的作用,可以降低噪声强度。

猪场绿化利于防疫、防污染,同时也能起到隔离作用。猪场外围的防护林带和各区域之间种植的隔离林带,都可以防止人畜往来,减少疫病的传播。绿化不仅可以美化环境,净化空气,改善猪场小气候,还可以杀菌、防寒防暑、减少噪声、防火防疫,提高猪场经济效益,因此,在进行猪场总体规划布局时,要充分考虑和统一安排,绿化面积不得低于猪场总面积的50%。

猪场的不同区域其绿化要求不同,需合理安排,下面介绍不同区域的绿化要求:

①场界隔离林:在猪场四周应种植1～2行高大的乔木,在冬季主导风向的迎风面可以适当增加树木的行数和种植密度,起到防风挡沙的作用。在场界周边种植乔木、灌木混合林带或规划种植经济植物,如乔木类的大叶杨、柏树、旱柳、钻天杨、白杨、柳树、洋槐、国槐、泡桐、榆树及常绿针叶树等;灌木类的河柳、紫穗槐、侧柏;水果类的苹果、葡萄、梨树、桃树、荔枝、龙眼、柑橘等。

②道路两旁绿化林:路旁绿化一般种植1～2行树冠整齐的乔木或亚乔木,可以根据道路的宽度选择树种的高矮。宜采用乔木为主,乔灌木搭配种植。如选种塔柏、冬青、侧柏、杜松等四季常青树种,并配置小叶女贞或黄洋成绿化带。也可种植银杏、杜仲以及牡丹、金银花等,既可起到绿化观赏作用,还能收获药材。

③场区内界隔离林:场区内界隔离林主要用于隔离场区内各区,在生产区、生活区等的

四周都应有这种隔离林。一般在生产区四周围墙边种植1~2行乔木或亚乔木,其他区的隔离可以种树,也可以绿篱隔离,如图2.7所示。一般常用绿篱植物有小叶杨树、松树、榆树、丁香、榆叶等,或以栽种刺笆为主。刺笆可选陈刺、黄刺梅、红玫瑰、野蔷薇、花椒、山楂等,起到防疫隔离安全等作用。

（a）

（b）

图2.7　场区隔离林带

④猪舍旁遮阴林:一般在猪舍两纵墙的旁边各种一行树,宜选择树干高大、枝叶开阔、生长旺盛、冬季落叶后枝条稀疏的树种,如杨树、槐树、法国梧桐等(图2.8)。不宜选择常绿树木,以防影响冬季猪舍采光,此外还可以在猪舍旁种植攀缘植物,使其覆盖屋顶和墙壁,夏季起到防暑降温的目的,不过要经常修剪,不可使其遮挡窗户,以免影响通风(图2.9)。

⑤场内空地绿化:在猪场空地上可以种植适合当地生长的低矮的花卉草坪,如唐菖蒲、臭椿,波斯菊、紫茉莉、牵牛、银边翠、美人蕉、玉簪、葱兰、石蒜等,不宜在其四周密植成片的树林,以利于通风,便于有害气体扩散。也可以种植饲料作物,不仅起到了绿化的作用,还可以为猪只提供青绿饲料。

图2.8　猪舍间的隔离林带

图2.9　猪舍遮阴林

### 4)道路

猪场道路应由公共道路和生产区内的净道、污道组成。猪场道路在保证各生产环节联系方便的前提下,尽量保持直而短(图2.10)。还要满足三个条件:一是净道和污道分开。净道是人、饲料、赶猪的通道,污道是为运输粪便、病死猪和其他废弃物的专用道,这两类道路互不交叉,出入口分开。二是路面要坚实,排水良好,不能太光滑,向侧面倾斜的坡度在

10%左右。三是公共道路分主干道和一般道路,各功能区之间道路联通形成循环道,主干道与猪场外部道路联通。主干道要保证运输车辆出入时顺利错车,路面宽度应达到5.5~6.5 m,其他道路宽2~3.5 m,在支路末端设计倒车场,以便车辆在不必进入其他道路的情况下而顺利回转,路面硬化,转弯半径大于9 m。路面平坦,不积水,不透水,路面向一侧或两侧倾斜,方便排水,道路两侧要有排水沟,道路设置不应妨碍猪场内部排出雨水和污水。

图 2.10  场区内道路

同时还要设置赶猪通道(图2.11)。赶猪通道一是为了方便转猪,减轻饲养人员的劳动强度,提高工作效率,二是还可以减轻猪群由于转群引起的应激反应,有利于生产水平的提高。赶猪通道通常设置在舍外靠近污道的地方,一般有两条赶猪通道,一条是从公猪舍到配种妊娠舍,再到分娩舍的通道,另外一条是从产房到保育舍,再到生长育肥猪舍和装猪台的通道。产房舍到保育舍也可不设通道,直接使用仔猪转运车。

图 2.11  赶猪通道

一般赶猪通道净宽0.8~1.0 m,高0.9~1.2 m。赶猪通道常常采用混凝土地面,向一侧稍微倾斜1.5%,以利于排水,两侧墙体可以使用金属栅栏,也可以是实体墙面或花格墙面。每次赶猪结束应该打扫干净并使用0.2%烧碱消毒。如图2.12所示为赶猪板。

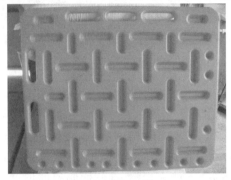

装猪台(图2.13)是连接猪场待售区或待售舍的通道,与赶猪通道设计一样,宽0.8~1.0 m,高0.9~1.2 m。两侧墙体可以是实体墙面或花格墙面,也可使用金属栅栏。同时装猪台可以是固定高度的实体台,也可以是安装有葫芦的金属活动台。

图 2.12  赶猪板

(a)　　　　　　　　　　　　　　(b)

图2.13　装猪台

# 任务2.2　圈舍与生产设施设备

猪舍是养猪场的核心部分,猪舍设计要有利于猪群健康和周转,方便进行全进全出生产。采用机械化和自动化的机电设备设施,有利于猪群的管理和生产性能的发挥,为猪场的正常生产提供条件。猪舍结构牢固适用,维护费用少,生产成本低,另外由于猪场鼠患一般较严重,故在修建时考虑防鼠墙角和墙边。

猪舍设计的基本原则:一是符合生产工艺流程和猪的生理要求。猪舍排列与布置必须符合生产工艺流程和猪只不同生理阶段要求,有利猪只健康、管理、防疫和排污。二是注重环境控制和保护。根据不同生长时期猪对环境的要求,对各种猪舍的地面、墙体、门窗、屋顶等作特殊设计处理,注意环境保护设施建设和环境保护措施的落实,是猪场长远发展的重要保证。三是减少猪场建设投资。猪舍建筑要便利、清洁、卫生,保持干燥,有利防疫,猪场建设在满足生产需要的前提下就地取材,简单实用,坚固耐久,尽量减少基建投资。四是便于配套设施安装。猪舍建筑与机电设备密切配合,便于机电设备、供水设备的安装。五是要考虑充足栏位数。在确定生产工艺流程的前提下,合理规划布局,科学设计足够车间数、单元数和栏位数,配备必要设备设施,是将来各工艺技术得以实施和均衡生产顺利进行的根本保证。六是利于控制疫病的传播。疾病预防和控制是现代养猪高效生产的重要保证,是否有利于疫病控制已成为衡量一个猪场设计好坏的主要标准之一。七是有一个环境优美的环境。

猪舍是生存的最直接的环境,采用现代的科学技术、管理措施和机电设备,为猪只的生长发育提供各种适宜的条件。根据各类猪只的生理需要,结合现代养猪生产工艺流程建筑设施及建筑结构要求,分别介绍各类猪舍的建设与生产设备设施。

## 2.2.1　猪舍建筑

猪舍内环境是一个具有腐蚀性的环境,猪具有啃咬物件的本性,为此猪舍建筑材料应具有抗腐蚀性和坚固性,以便延长其使用寿命。

**1)猪舍建筑基本结构**

猪舍的基本结构包括地面、墙壁、门窗、屋顶、猪舍通道、猪舍高度等,统称猪舍"外围护结构",其性能好坏直接影响猪舍的小气候状况。

**(1)地面**

猪舍地面是猪活动、采食、躺卧和排粪尿的地方。要求坚固、平整、防滑、保温、防潮、不渗水、便于清洁打扫和清洗消毒,一般保持2% ~3% 的坡度,以便地面干燥。土质地面、三合土地面和砖地面保温性能好,但不坚固、易渗水,不便于清洗和消毒。水泥地面坚固耐用,平整,易于清洗消毒,但保温性差。目前猪舍多采用水泥地面和水泥漏缝地板,但可在地表下层用空隙较大的材料(如炉灰渣、空心砖)增强地面保温性能。仔猪适合塑料漏缝地板或钢筋编制漏缝地板网;母猪适合混凝土、金属地板制成的板块;生长肥育猪适合于混凝土制成的地板。

**(2)墙壁**

猪舍墙壁是猪舍建筑结构的重要部分,将猪舍与外界隔开,对舍内温湿度保持起着重要作用。要求坚固耐用,承重墙的承载力和稳定性必须满足结构设计要求,墙内表面便于清洗和消毒,具有良好的保温隔热性能。墙体有砖墙结构,取材容易,坚固耐用,利于防火,也有用木质材料做墙体,其保温性好,但接近地面部分易腐蚀,适合保育舍使用。还有用隔热材料做的墙体,国外集约化猪场普遍采用,防寒保温效果较好。猪舍围栏有水泥土砖围栏和金属围栏,也有预制钢筋混凝土板猪栏,各有优缺点,应根据实际情况选用。

猪舍主体墙的厚度一般为37 ~49 cm,猪栏隔墙或猪栏高:母猪舍、生长猪舍0.9 ~1.0 cm,公猪舍1.3 ~1.4 cm,肥育猪舍0.8 ~0.9 cm;隔墙厚度:砖墙15 cm;木栏、铁栏4 ~8 cm。

**(3)门窗**

窗户主要用于采光和通风换气,窗户面积大,采光多,换气好,但冬季散热和夏季传热较多,不利冬季保暖夏季防暑。窗户大小、数量、形状、位置应根据当地气候条件合理设计,一般窗户面积占猪舍面积的1/10 ~1/8,窗台高0.9 ~1.2 cm,窗上口至舍檐高0.3 ~0.4 cm。

门是供人与猪出入的,门的设计要有利于猪的转群、运送饲料、清除粪便等。门一般设在猪舍两端墙上,向外开,避开冬季主导风向,必要时加设门斗,门外设坡度不应有门槛和台阶,内外高差一般为15 ~20 cm,便于猪只和手推车出入。门一般高2.0 ~2.4 m,宽1.2 ~1.5 m。

猪栅栏门规格如下,大猪:高0.9 ~1.0 cm,宽0.7 ~0.8 cm;公猪:高1.3 cm,宽0.7 ~0.8 cm;小猪:高0.8 ~1.0 cm,宽0.6 ~0.7cm;仔猪出入口规格:高0.4 cm,宽0.3 cm。

**(4)屋顶**

屋顶起遮风挡雨和保温隔热的作用。要求坚固,有一定的承重能力,不透风,不渗水,耐火,结构轻便,具有良好的保温隔热性能。猪舍加吊顶可明显提高保温隔热性能,但增加了投资,国内一般只在产仔舍和保育舍使用。

**(5)猪舍通道**

猪舍内要为喂饲、清粪、进猪、出猪、治疗观察及日常管理等工作留出通道,猪舍内分为喂饲通道、清粪通道和横向通道,从卫生防疫角度考虑,喂饲通道和清粪通道分开设置,在猪舍较长时为提高作业效率,应设置横向通道。道路地面一般用混凝土制作,以便有足够的强度,要考虑使用拖拉机等机械进出通道的地面厚度与宽度,机械作业道路厚度90~100 mm,人力作业道路厚度50~70 mm,一般情况喂饲通道1.0~1.2 m,清粪通道0.9~1.2 m,横向通道1.2~2.0 m。在使用机械喂料车和机械清粪车的猪舍,道路根据所用车辆适当加宽。为了避免积水,通道向两侧应有0.1%的坡度。

(6)猪舍高度

猪舍高度是猪舍地面到猪舍顶棚之间的高度。猪在猪舍内的活动空间是在地面以上1 m左右的高度范围内,该区域内的空气环境对猪影响最大,工作人员在舍内的适宜操作空间是地面以上1.2 m左右高度,为了保持猪舍内较好的空气环境,必须有足够的舍内空间,空间过大不利于冬季保温,空间过小不利于夏季防暑,猪舍高度一般为2.2~3.0 m。冬季适当降低猪舍高度有利提高保温性能,夏季适当增加猪舍高度有利于增强降温隔热性能。

常见大、中、小型猪舍规格,仅供参考。大型舍:长80~100 m,宽8~10 m,高2.4~2.5 m。中型舍:长40~50 m,高2.3~2.4 m,单列式宽5~6 m,双列式8~9 m。小型舍:长20~25 m,高2.3~2.4 m,单列式宽5~6 m,双列式8~9 m。

**2)各类猪舍建筑**

不同性别、不同生理阶段的猪对环境及设备的要求不同,设计猪舍内部结构时应根据猪的不同生理特点和生物学习性,合理布置猪栏、走道和合理组织饲料、粪便运送路线。猪舍是猪生存最直接的环境,猪舍建筑必须体现各类猪对环境的不同要求。按照猪舍建筑外围护结构猪舍可分为敞棚式、半开放式、封闭式和组装式的猪舍。按照猪栏排列可分为单列式、双列式和多列式。按照使用功能可分为公猪舍、配种猪舍、妊娠猪舍、分娩哺乳猪舍、保育猪舍、生长猪舍、肥育猪舍和隔离猪舍等。下面主要介绍按照使用功能划分猪舍的建筑要求与特点。

(1)公猪舍

公猪舍多采用单列式,最好带适宜大小的运动场公猪舍内适宜环境温度为14~16 ℃。公猪栏要求比母猪和肥育猪栏宽,隔栏高度为1.2~1.4 m,栏门宽0.8 m左右,公猪栏面积一般为7~9 m²。种公猪均为单圈饲养,可建立专门公猪舍。目前一般将公猪、空怀母猪和后备母猪饲养在一栋猪舍内(配种公母猪舍或配种猪舍),其优点主要有利于促进母猪发情排卵和提高配种成功率。

配种猪舍的配置主要有4种形式:一是公猪栏和配种母猪栏紧挨配置,4~6头母猪一栏对应一个公猪栏,母猪一般限位饲养,公猪栏同时作为配种栏。二是公猪栏和母猪栏分为两列配置,在公猪栏中间配置配种栏。三是公猪栏和母猪栏分为两列配置,但配种在两列之间区域进行。四是在两列待配母猪栏的同列限位栏之间设置公猪栏,而另外设置一个或多个配种间。

(2)配种与妊娠猪舍

配种与妊娠猪舍可采用单列式、双列式和多列式,栏高0.8~1.0 m,栏门宽0.8 m左右,多采用部分漏缝地板,排水坡度3%左右。可群养,也可单养。配种舍内适宜环境温度为13~22 ℃,妊娠舍内适宜环境温度为10~22 ℃(最适的温度为14~18 ℃)。

妊娠母猪舍可分为半漏缝限位采食妊娠母猪舍和完全限位半漏缝妊娠母猪舍。半漏缝限位采食妊娠母猪舍设计以产期相近的6头为1组,每组有6.3 m²的集体活动区,有利于健康,每组栏数根据需要增减。完全限位半漏缝妊娠母猪舍设计使母猪在整个妊娠期都限制在栏位内,不能自由活动,限位后部有1 m宽的漏缝地板,其前部有30 cm宽漏缝浅水沟,有利于防止机械性流产并保持良好的清洁卫生环境,同时可节约建筑面积。

(3)分娩哺乳猪舍

分娩哺乳猪舍简称分娩猪舍,也称产仔舍,产仔舍设计着重解决仔猪适宜环境问题,仔猪环境要求重点是保温。分娩母猪适宜温度为16~18 ℃,新生仔猪适宜温度为29~32 ℃,仔猪需要温度较高,产仔舍采用封闭式,做好屋顶、墙壁、地面等部位的保温设计,加设隔汽层、降低净高,设计天花板、安装保温设备等。为防止母猪踩死和压死仔猪,分娩栏设母猪限位区和仔猪活动区两部分,中间部分为母猪限位栏,宽为0.6~0.65 m,两侧为仔猪栏并设补饲槽和保温箱,目前规模化猪场的产仔舍一般使用离地网上饲养。

分娩哺乳猪舍的产仔栏有单列式对角线限位产仔栏和双列式垂直限位产仔栏两种,前一种环境易于控制,圈栏面积小,生产效果较好。后一种圈栏舍内空间大,两个产圈共用一个仔猪保温区,大面积控温较困难,宜采用局部保温和采暖,目前主要采用此类型产仔栏。

(4)保育猪舍

保育猪舍也称仔猪培育舍,它需要一个温暖清洁的环境,初期需要的环境温度为22~26 ℃,保育舍仍以保温设计为重点,屋顶、墙壁、地面要达到一定的绝热性能。

保育舍分为全封闭全漏缝双列式仔猪保育舍和多列式全封闭半漏缝仔猪保育舍,前一种仔猪保育舍是目前工厂化养猪中普遍采用的形式,不仅保温,而且易于保持清洁卫生,有利于疫病控制。后一种仔猪保育舍猪舍跨度较大,保温性能很好,饲养管理方便,但通风换气系统的设计要求高,否则会因舍内空气质量差而影响到仔猪的健康,还可能因舍内猪群年龄差异大而增加疾病的垂直感染概率。若在四季环境温度较高地区,设计全封闭半漏缝或全漏缝猪舍时可将窗户扩大放低,并开墙脚通风窗。

(5)生长肥育猪舍

生长肥育猪对环境的适宜能力较强,适宜温度为15~20 ℃,重视防暑与保温。一般多采用实体地面饲养,地面排水坡度为5%,每圈8~10头,每头猪的占地面积和采食宽度分别为0.8~1.0 m²和35~40 cm。

生长肥育猪一般采用群饲,由于栏位群体较大,日排粪尿量较多,需要有足够栏面积并保证排粪污道畅通,生长肥育猪舍设计时应注意以下三点:一是结实地面部分应有朝向排粪尿区的坡度;二是合理安排卧睡、采食和排泄区域;三是通风良好。生长栏和肥育栏是两种不同大小规格的圈栏,在规模不大的猪场往往把生长栏和肥育栏合二为一,在猪舍类型的设计上,可根据各地的实际情况选择封闭式、半封闭式或敞棚式等设计。

(6)隔离猪舍

隔离猪舍主要功能是防止外来猪将传染病带入本场和防止本场猪群的相互接触传染。舍内要求卫生、护理条件好,易于实行各种消毒。隔离猪位于猪场下风,地势最低处,与其他猪舍保持一定的距离,排水系统与生产区分开。

### 2.2.2　猪场设备设施

正确合理配置猪场设备设施,是建好猪场的一项十分重要的任务,它不仅能有效地控制猪场环境,改善饲养管理条件,利于卫生防疫,减少疫病发生,促进猪群正常发育和生产性能的充分发挥,而且能降低饲料和饮水的消耗,减轻饲养人员的劳动强度,提高劳动生产率。在设备配套中一是集中财力保重点,以分娩舍和保育舍作为配备各种设备的重点,根据猪场财力兼顾其他猪舍,尽量配套完善的设备;二是高度重视环境控制和卫生防疫方面的设备设施建设。选择设备的原则要经济实用,坚固耐久,方便管理,设计合理,符合卫生防疫要求。

随着畜牧业的提档升级和现代养猪业的发展,已形成了比较完整的养猪工艺设备工业体系,出现了许多专业化生产养猪成套设备及辅助设备器具公司,可生产系列化的环境控制设备、机械喂料系统设备和各类养猪生产的辅助设备。养猪场建设者可根据自身实际情况,选购成套设备或各类器具,便于管理,提高劳动生产效率,降低养猪成本。

**1)围栏设备**

为了便于管理和环境控制,减少猪舍建筑,降低生产成本,现代化猪场均采用集约化栏圈饲养,其围栏设备是最常见的机械设备。

(1)公猪栏与配种栏

在规模化养殖中,多将公猪栏和配种栏合二为一,用公猪栏代替配种栏,实践证明不太理想,原因之一是配种时母猪不定位,操作不方便;二是配种时对其他公猪干扰大。故建议单独设计配种栏。

①公猪栏:公猪栏一般采用个体散养,一般每栏面积为 7~9 m² 或更大些,常用规格为 2.4 m×3 m×1.2 m。有全金属栅栏和砖墙间隔加全金属栅门,前者结构便于观察猪群,消毒清洁容易,但造价较高;后者通风结构较差,但造价较低。地面使用铸铁、塑料或水泥半漏缝地板。现代猪场中由于场地原因导致种公猪运动量不足,为保证种公猪充分运动,还可以修建专门的种公猪运动场。如图 2.14—图 2.16 分别为公猪栏、公猪运动场和采精栏。

图 2.14　公猪栏　　　　　图 2.15　公猪运动场　　　　　图 2.16　采精栏

②配种栏:采用较封闭的结构,常用规格为 2.4 m×3 m×1.2 m,围栏最好用砖墙。栏内通常设有母猪配种架,地面施工不能太光滑,以免配种时公猪和母猪滑倒。

(2)母猪栏

母猪栏的设计有单体母猪限位栏和母猪小群饲养栏两种。单体母猪限位栏具有占地面积少,便于观察母猪发情与及时配种,母猪不争食,不打架,避免相互干扰,减少机械性流产,但投资大,母猪运动量小,不利于延长繁殖母猪使用寿命,其结构有实体、栏栅式与综合式3 种。

①单体母猪限位栏(图 2.17):栏栅结构可采用金属和水泥结构,但栏门应采用金属结构。通常用全金属栅栏制造,其尺寸根据猪体大小确定,最好有两种尺寸规格的限位栏,以满足场内大型母猪和小型母猪的需要,其比例以猪场猪群结构的实际情况而定。常用规格有(长×宽×高):2.1 m×0.6 m×1 m 和 2 m×0.55 m×0.95 m。单体母猪限位栏有后进前出和后进后出两种结构,后者结构简单,节省投资,但赶猪出栏麻烦。

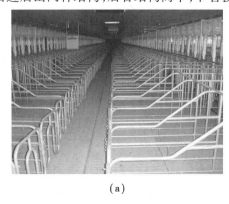 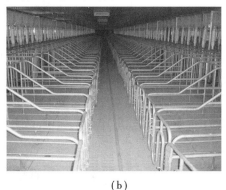

(a)            (b)

图 2.17 母猪单体限位栏

②母猪小群饲养栏:有全金属栅栏和砖墙间隔加全金属栅门,其栏位大小主要根据每栏饲养的头数决定,平均每头猪的占地面积应为 1.8~2.5 m²。

(3)产仔哺乳栏

产仔哺乳栏又称为母猪分娩栏,是一种单体栏,是母猪分娩哺乳的场所,在围栏中产仔哺乳栏的设计最为重要,它对提高仔猪成活率、断奶仔猪头重和整个猪场的经济效益有重大影响。经实践证明,高床全漏缝栏是较理想结构。产仔哺乳栏的中间为母猪限位栏(有直线限位栏和对角线限位栏两种,后者可减少产仔栏面积),两侧是仔猪采食、饮水、取暖和活动的地方,母猪限位架一般采用圆钢管和铝合金制成,后部安装漏缝地板以清除粪便和污物,两侧是仔猪活动栏,用于隔离仔猪。其长度为 2.2~2.3 m,宽度为 1.7~2.0 m,离地高度15~30 cm,母猪限位宽度 0.6~0.65 m,高度为 1 m。产仔哺乳栏的尺寸大小根据品种或个体大小而定,常用的规格有(长×宽×高):2.25 m×1.95 m×1.3 m 和 2.15 m×1.85 m×1.3 m。

图 2.18 母猪产仔分娩栏

在现代化猪场饲养分娩母猪的实践中一般采用母猪高床分娩栏,分娩栏使用金属编织漏缝地板,金属地板网上安装母猪限位架、仔猪围栏、仔猪保温箱等,母猪与仔猪粪尿通过漏缝地板掉入粪尿沟,避免了母猪和仔猪脱离了粪尿污物和地面的低温潮湿,改善了饲养环境,特别是减少了仔猪下痢等疾病发生,提高仔猪成活率,生长速度和饲料转化率(图 2.18)。

（4）保育栏

保育栏（图2.19）在围栏设备中也是较重要的圈栏，保育期是猪整个生长期中的一个重要阶段，它直接影响猪场的经济效益。保育栏采用高床全漏缝地面，全金属栏架、全塑料或铸铁地板、带保温箱、自动饲槽和自动饮水器，被认为是较理想的结构，其优点是可以保持床面干燥、清洁，使仔猪有一个较好的生长环境，常用的规格有（长×宽×高）：2 m×1.7 m×0.6 m，侧栏间隙6 cm，离地面高度25～30 cm，可养10～25 kg的仔猪10～12头。

生产中采用金属和水泥混合结构，东西面栏用水泥结构，南北面栅栏用金属结构，既节约金属材料又保证通风和便于观察仔猪。

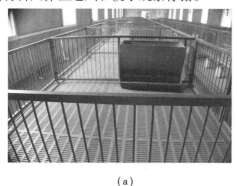

（a）　　　　　　　　　　　　　　　（b）

图2.19　仔猪保育栏

（5）生长栏和肥育栏

保育阶段结束后猪只移出保育栏，该时期猪只具有一定的抗病能力，对猪栏和环境要求较低，所以生长栏和肥育栏较为简易，采用大栏饲养。为了节省投资，通常采用砖墙间隙和全金属栏门，安装自动饮水器和自动食箱。

生长栏和肥育栏（图2.20）采用两窝一栏或一窝一栏，大部分是两窝一栏，每栏饲养18～20头，如采用半漏缝地板结构，每头猪占地面积：生长期为0.6～0.65 m²，肥育期为0.9～1 m²，猪栏常用规格（长×宽×高）：生长栏为4.5 m×2.4 m×0.8 m，肥育栏为4.5 m×3.6 m×0.9 m。

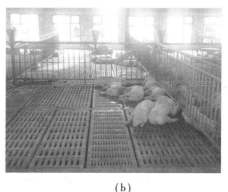

（a）　　　　　　　　　　　　　　　（b）

图2.20　半漏缝和全漏缝水泥地板生长肥育栏

（6）种猪测定栏

很多种猪场、猪育种公司、科研单位、饲料企业的试验猪场都会使用到种猪测定设备，该设备是依靠计算机技术来实现的,可以实时监控系统内每头猪每次进入系统的采食量,并记录下猪号,开始进入系统的时间,采食前的食槽质量,采食后的食槽质量和该头猪离开系统的时间,然后根据以上的统计数据,生成电脑管理文件,进行数据分析处理,得到测定种猪的性能数据,为育种和生产服务。

种猪测定栏单体饲喂站,占地面积按每头猪 1 ~ 1.5 m² 设计,猪栏一般长 4 m,宽 3 m,高 1.1 m,每台饲喂站可管理 8 ~ 12 头猪,如果一个猪栏内超过 12 头猪,则本猪栏需要 2 个饲喂站。单体饲喂站入口门要易于调节,这样可确保每次只有一个猪进入单体饲喂站。地面使用全漏缝地板或半漏缝地板。种猪测定栏和单体饲喂站如图 2.21 和图 2.22 所示。

图 2.21　种猪测定栏　　　　　　　图 2.22　单体饲喂站

**(7)漏缝地板**

为保持栏内的清洁卫生,改善环境条件,减少人工清扫,普遍采用粪尿沟上铺设漏缝地板。在围栏设备中漏缝地板是重要组成部分,漏缝地板要求耐腐蚀,使用期长,易于冲洗清洁,减少和避免粪便滞留。常用材料有钢筋混凝土、工程塑料、金属材料等。不同材料漏缝地板的结构与尺寸见表 2.3。

表 2.3　不同材料漏缝地板的结构与尺寸/mm

| 猪　群 | 铸　铁 | | 钢筋混凝土 | |
|---|---|---|---|---|
| | 板条宽 | 缝隙宽 | 板条宽 | 缝隙宽 |
| 幼　猪 | 35 ~ 40 | 14 ~ 18 | 120 | 18 ~ 20 |
| 肥育猪、妊娠母猪 | 35 ~ 40 | 20 ~ 25 | 120 | 22 ~ 25 |

猪舍地面有铸铁、塑料或水泥的半漏缝或全漏缝地板。如图 2.23 所示。

漏缝地板规格依据猪栏及冲粪沟设计,生产中集约化猪场普遍采用水泥漏缝地板和金属漏缝地板,典型的金属漏缝地板有铸铁漏缝地板、金属包塑漏缝地板和金属编织网漏缝地板,金属编织地板网由直径为 5 mm 的冷拔圆钢编织成 10 mm ×40 mm、10 mm ×50 mm 的缝隙网片与角钢,扁钢焊合,再经防腐处理而成,此漏缝地板具有漏粪效果好,易冲洗,栏内清洁干燥,不打滑,使用效果好等优点,适用于分娩母猪和保育猪使用。塑料漏缝地板由工程塑料模压而成,可小块连接组合成大面积,此漏缝地板具有易冲洗消毒,保温好,防腐蚀,防滑,坚固耐用,漏粪效果好等特点,适用于分娩母猪栏和保育仔猪栏。

图 2.23　猪舍地板
（a）塑料全漏缝地板；（b）塑料半漏缝地板；
（c）水泥漏缝地板；（d）铸铁漏缝地板

### 2）饲喂设备

规模化猪场饲料的贮存、输送和饲喂，花费劳力多且对饲料利用率及清洁卫生影响较大，为此规模化猪场饲料的贮存、输送和饲喂的机械化显得非常重要。加工好的饲料用专用运输车送入贮料塔，再通过输送器直接输送到食槽或自动食箱，这种工艺的优点是：一是使饲料始终保持新鲜；二是节约饲料包装和装卸成本；三是减少饲料在装卸过程中的散漏损失；四是减少饲料污染；五是自动化、机械化程度高，可节约大量劳动力。

饲料贮存、输送和饲喂设备主要有料塔、饲料输送机、加料车、食槽和自动食箱等，如图 2.24 所示。食槽可采用铸铁、塑料和混凝土食槽，在地面修建水泥食槽多见。标准化猪场和一些规模猪场一般均采用全自动或半自动喂料系统，实现自动投料，减少人工成本。

食槽使用铸铁、塑料食槽或混凝土食槽，生产中多采用自动食槽饲喂（图 2.25）。标准化猪场或一些规模猪场采用全自动或半自动喂料系统。

智能化妊娠母猪群养系统（图 2.26）可根据妊娠母猪的胎次、妊娠阶段、背膘等指标精确饲喂每一头妊娠母猪，在保证每一头母猪合理体况的同时，杜绝饲料浪费，整个妊娠周期可节省饲料 8%。群养模式让每一头母猪都能充分自由的活动，母猪应激更小，健康水平大幅提高，使得猪群的胎产活仔数、年产胎次更高，母猪年淘汰率降低，断奶到发情的间隔更短，节省劳动力、母猪顺产率提高、猪群治疗费用降低。

图 2.24 饲料贮存、输送和饲养设备

(a)料塔;(b)饲喂自动料线;(c)加料车;(d)加料工具;(e)塑料仔猪补料槽;

(f)不锈钢仔猪补料槽;(g)铸铁食槽;(h)水泥食槽

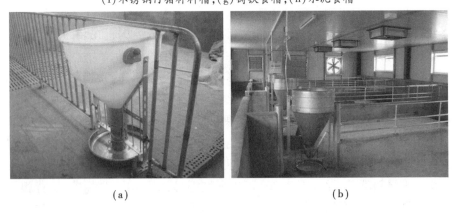

图 2.25 自动采食槽

智能肥猪饲喂系统(图2.27)凭借其功能强大的分选器系统可在猪只无应激的情况下称重,并根据体重决定其采食区域,不同的区域投放不同营养含量的饲料,从而实现分体重精确饲喂。

$(a)$　　　　　　　　　　　　　　$(b)$

图 2.26　智能妊娠母猪群养饲喂系统

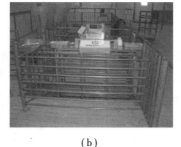
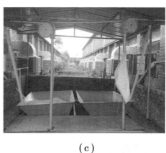

$(a)$　　　　　　　　$(b)$　　　　　　　　$(c)$

图 2.27　智能育肥猪饲喂系统

### 3)供水设备

规模化猪场的供水系统主要包括猪饮用水和清洁用水的供给,一般共用同一管路,在水源紧缺的情况下为节省用水,可将饮用水与猪舍冲洗用水分两个系统供给,猪舍冲洗用水可用再生净化水或河流、山塘和水库水等。猪饮用水的供给在生产中普遍采用自动饮水系统。其优点是:一是可随时供给新鲜干净的水,减少疾病传染;二是节约用水,节省开支;三是避免饮水溅洒,保持栏舍干燥。

采用自动饮水器,为防止饮水器堵塞,保证猪只正常饮水,应在饮水器中安装过滤器,保持饮水管路中的供水压力为 $1\sim2.5$ kg/cm$^2$。饮水器一般安装在远离休息区的排粪区内,各种猪群饮水器安装高度:公猪 $60\sim70$ cm,母猪 $55\sim60$ cm,仔猪 $15\sim20$ cm,保育仔猪 $25\sim30$ cm,生长中猪 $35\sim40$ cm,肥猪大猪 $45\sim50$ cm。猪自动饮水器种类很多,一般分为鸭嘴式、乳头式、吸吮式和杯式等,应用最为普遍的是鸭嘴式。如图 2.28 所示为自动饮水器。

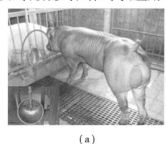

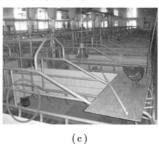

$(a)$　　　　　　　　$(b)$　　　　　　　　$(c)$

图 2.28　自动饮水器

### 4)防暑保温设备

#### (1)供热保温设备

猪场里的大猪如公猪、母猪和肥育猪,其抵抗寒冷的能力强,加之其饲养密度大,自身散热可保持所需的舍温,一般可不予供暖。而分娩后的哺乳仔猪和断奶仔猪由于体温调节能力差,对寒冷抵抗能力弱,要求较高的舍温,特别是冬季需供暖。现代猪场的猪舍供暖有集中供暖和局部供暖两种方法,多数猪场的供热保温设备用于分娩舍和保育舍,以满足母猪和仔猪的不同温度要求,如初生仔猪要求 30 ~ 32 ℃,对母猪要求 17 ~ 20 ℃,常采用集中供暖,维持分娩哺乳舍温 18 ℃,而仔猪栏内设置可以调节局部供暖设施,保持局部温度达到 30 ~ 32 ℃。

猪舍集中供暖主要利用热水、蒸汽、热空气及电能等形式,生产中多采用热水供暖系统,包括热水锅炉、供水管路、散热器、回水管路及水泵等设备。猪舍局部供暖最常采用电热地板、热水加热板、电热灯等设备。目前高床分娩栏和高床保育栏采用的局部环境供暖设备为红外线灯和远红外板,功率规格为 250 W,通过调节灯具的吊挂高度来调节小猪群的受热量,用保温箱的加热效果更好,设备简单,安装方便灵活,但红外线灯使用寿命短,常由于舍内潮湿或清扫猪栏时水滴溅上而损坏。电热板优于红外线灯,电热板可直接放在栏内地面适当位置,也可放在特制的保温箱的底板上。有些猪场在分娩栏或保育栏采用热水加热板,即在栏内水泥制作前先将加热水管预埋于地下,使用时用水泵加压使热水在加热系统的管道内循环,加热温度的高低由通入的热水温度来控制。

保温是饲养仔猪的关键,冬季保育仔猪温度保持在 21 ℃ 左右,温度过低应采用相应保温措施,关闭门窗,使用红外灯、电热板、电热管、热风炉、空调等进行保温,或使用围帘、猪舍缓冲间和关闭门窗定时抽风的办法来保温,采用地暖、水暖和热风炉的猪场居多。猪舍常见的保温措施如图 2.29 所示。

#### (2)通风降温设备

为降低猪舍内温度和局部调节温度,以及排除猪舍内有害气体,可采用水帘降温系统,也可以加大通风量、喷水喷淋、冷风机、使用电风扇、滴水、洗澡、攀缘植物、遮阳网等来降温。

通风换气是为加大通风量,使猪舍内的污浊空气得到交换,同时让猪感到凉爽,因此夏季一般采用水帘加风机的方式,也使用空调降温,或者采用水帘、滴水、洗澡、喷水喷淋喷雾降温,利用冷风机、电风扇加大舍内通风量降温,栽种攀缘植物和使用遮阳网等措施降温。

通风有机械通风和自然通风,采用哪种通风形式,可依据猪场具体情况而定,猪舍面积小,跨度不大,门窗较多的猪场,为节约能源可利用自然通风。如猪舍空间大,跨度大,猪的密度高,特别采用水冲清粪或水泡清粪的全漏缝或半漏缝地板的猪场,一定要采用机械强制通风。通风机常见配置方案有 4 种:一是侧进(机械)上排(自然)通风;二是上进(自然)下排(机械)通风;三是机械进风(舍内进),地下排风和自然排风;四是纵向通风,一端进风(自然)一端排风(机械)。无论采用哪种通风方案,都应注意:一是要避免风机通风短路,必要时用导流板引导流向;二是采用单侧排风,应将两侧相邻猪舍的排风口设在相对一侧,以避免一个猪舍排出的浊气被另一猪舍立即吸入;三是尽量使气流在猪舍内大部空间通过,特别是粪沟上不要造成死角,以达到换气的目的。适合猪场使用的通风机多为通风量大,噪声小,耗电少,可靠耐用,适宜长期使用。常见的通风降温设备如图 2.30 所示。

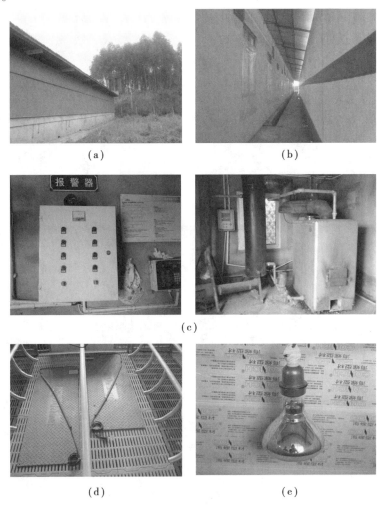

图 2.29  猪舍常见的保温措施

(a)卷帘式围帘;(b)猪舍缓冲间;(c)热风炉与控制器;

(d)电热板;(e)红外线灯

**5)清洗消毒设备**

规模化猪场由于采用高密度饲养工艺,必须有完善严格的卫生防疫制度,对进场人员、车辆、种猪和猪舍内环境都要进行严格的清洁消毒,才能保证养猪高效率安全生产。本项目主要介绍常用清洗消毒设备:冲洗喷雾消毒机、火焰消毒器、粪沟自动冲洗设备和地面冲洗设备。

**(1)冲洗喷雾消毒机**

冲洗喷雾消毒机集冲洗和喷雾消毒功能于一体,使用方便,性能可靠。工作时柴油机或电动机启动带动活塞和隔膜往复运动,清水或药液先被吸入泵室,然后被加压经喷枪排出。工作压力为 15～20 kg/cm$^2$,流量为 20 L/min,冲洗射程为 12～14 m 的冲洗喷雾消毒机是规模化猪场较好的清洁消毒设备,其优点有:高压冲洗喷雾,冲洗干净,节约用水和药液;喷枪为可调式,既可冲洗,又可喷雾;活塞式隔膜泵可靠耐用;体积小,机动灵活,操作方便;能减轻劳动强度,工作效率高。

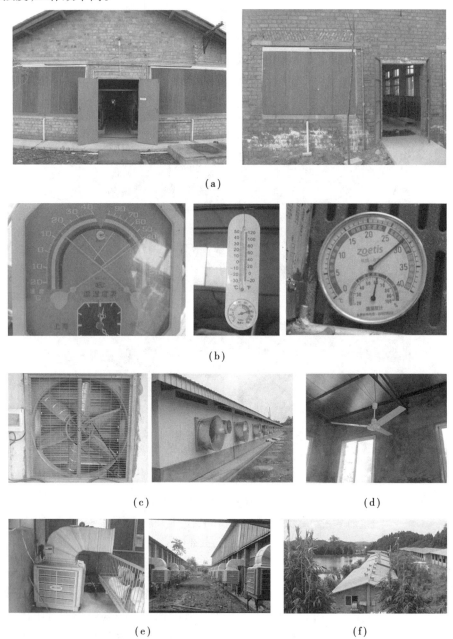

图 2.30　常见的通风降温设备
(a)水帘降温系统;(b)温湿度;(c)轴流风机;(d)风扇;
(e)冷风机;(f)屋顶无动力风机

（2）火焰消毒器

猪场防疫要求杀菌率在95%以上,用药物消毒一遍,平均杀菌率约为84%,所以一般要消毒两遍,加大了工作量和成本。还有用药物消毒,药物残留较多,而火焰消毒器则不存在这些缺点,它利用煤油高温雾化,剧烈燃烧产生高温火焰对猪舍内的设备及建筑物表面进行瞬间高温燃烧,达到杀灭细菌、病毒、虫卵等消毒净化的目的。其主要优点:杀菌率高,平均可达97%;操作方便,效率高,油耗少;消毒后设备和栏舍干燥。

（3）粪沟自动冲洗设备

规模化猪场一般将猪粪尿排入粪沟,然后再利用粪沟一端的冲水器将粪沟的粪便冲至总排粪沟排出。冲水器有简易放水阀、自动翻水斗、虹吸自动冲水器(盘管式虹吸自动冲水器和U形管虹吸自动冲水器)和地面冲水设备。简易放水阀结构简单,造价低,操作方便;缺点是密封可靠性差,容易漏水。自动翻水斗结构简单,工作可靠,冲力大,效果好;主要缺点是耗用金属多,造价高,噪声大,已逐渐被淘汰。盘管式虹吸自动冲水器结构较简单,运动部件不多,工作可靠;缺点是维修较麻烦。U形管虹吸自动冲水器的优点是结构简单,没有运动部件,工作可靠耐用,故障少,出水口直径大于300 mm,排水速度快(排放1.5 m³只需12 s),冲力大,粪沟冲洗干净,自动化程度高,管理方便;存在的主要问题是耗用金属多,安装土建工程较大,且投资较大。地面清洁的劳动量大,选配合理的地面冲洗设备对减轻劳动强度,提高劳动效率非常重要,常用的地面冲洗设备包括各种地面冲洗设备和地面冲洗高压系统,地面冲洗高压系统是在生产线的各栋猪舍配置一套高压水路系统,有许多高压出水接头,将高压枪的调速接头接上即可使用,该系统节省投资,使用方便。

#### 6）其他设备设施与用具

（1）尸体处理设备

规模化猪场饲养密度大,规模大,疾病流行迅速,危害大,做好病死猪处理是防治疾病流行的重要措施,对病死猪处理原则是:因烈性传染病(炭疽等)而死的病猪尸体,必须进行焚烧火化处理,因猪瘟等虽然传染激烈但用常规消毒方法容易杀灭病原体的病猪和其他伤、死病亡的尸体,可用深埋法和高温分解法处理。

常用死猪处理方法和优点有:焚化炉处理死猪迅速卫生,臭味和残渣少,适合少量死猪的处理。湿化机是一种大型的高温高压蒸汽分解消毒机,适合用于规模化较集中的地区或大中城市的卫生处理厂。干化机是利用蒸汽(间接)或其他热风、红外线等热源使猪尸干热分解,干化机实际使用不多。生物热坑是由砖和混凝土等修建的可密闭的尸体处理设施,适合中小型规模化猪场使用,设置在猪场下风区,离生产区、河流、水井等1 000 m以外较干燥的地方。有些规模化猪场已采用沼气池的发酵作用来处理死猪,该方法类似生物热坑法。深埋法是传统的处理方法,在规模化猪场中一般不采用。

（2）运输设备

仔猪运输车、场内运猪车、散装饲料车,还有粪便运输车。

（3）兽医检测仪器和用具

随着科学技术的发展,规模化猪场所使用的检测仪器和用具越来越多,精度也越来越高,一般猪场常用的检测仪器和用具有:检疫、检验和治疗设备,妊娠诊断仪、活体超声波测膘仪、耳号牌与耳号钳、赶猪板等。

（4）猪场必备设施

①猪场内排水设施：为保证场地干燥，猪场必须专设排水系统（最好采用雨水和污水分开排水系统，缺水地方可考虑库存雨水），以便及时排除雨水及猪场生产污水。排水系统多设置在各种道路的两旁及猪舍周边，一般采用斜坡式排水沟，尽量减少污物积存。排水沟有明沟和暗沟之分，明沟深处不超过 30 cm，沟底有 2% ~2.5% 的坡度，上口宽 30~60 cm。暗沟如超过 200 m，应增设沉淀井，以免污物淤塞，影响排水，同时在方向改变的地方或直线段通条距离内，应设置检查井（室）。沉淀井或检查井不应设在运动场中或交通频繁的主干道旁，且距供水水源至少应有 200 m 的间距。

②猪场的贮粪设备：猪场的贮粪场设置要根据粪污收集和处理的方式来选择不同的形式。

如粪尿分离，贮粪场体积可以设置得小些，结构也比较简单，一般设计为深 1 m，宽 9~10 m，长 30~50 m 的方形池子，底部用黏土夯实或做成水泥池底，以防粪液渗漏流失，且有一定坡度，使粪水可直接流向集液井。每头猪所需贮粪池面积（按贮放 6 个月，堆高 1.5 m计算）为 0.4 $m^2$。位置离猪舍 100 m 左右，粪便通过猪场后门直接运送农田或运走。

如粪水不分，特别是当实行水冲清粪时，除要求容积大的粪水贮集池外，还需具备：沉淀池或氧化池等；可往粪沟或粪水池中加水的设备；用于提升、抽走粪水的泵、搅动装置、冲气装置等；槽车或灌溉设施以及足以充分利用这些粪水的土地。有粪水池、沉淀池、氧化池和沼气池等各种污水池，各种污水池结构应考虑防水。

a. 粪水池：一般修在靠近猪舍的地段，考虑到清粪时的臭气污染，最好与猪舍保持 50 m以上距离，容积可按体重 70 kg 的猪每头每天 0.004~0.005 $m^3$，贮存 6 个月计算。粪水池一般深 2.5~3.0 m，宽度不大于 18 m，有地上式、地下式及半地下式 3 种形式。因经常性冲粪和抽风对环境控制不利，粪水池内产生的各种有害气体又会直接对猪和人的健康造成不良影响，现在一般不提倡采用该种方式。

b. 沉淀池：可采用平流式和竖流式两种。平流式沉淀池是长方形的，粪水在池一端的进水管流入池中，经挡板后，水流以水平方向流过池子，粪便颗粒沉于池底，澄清的水再从位于池另一端的出水口流出，池底呈 1% ~2% 的坡度，前部设一个粪斗，沉淀于池底的固形物可用刮板刮到粪斗内，然后将其提升到地面堆积。竖流式沉淀池为圆形或长方形，粪水从池内中心管流入池内，经挡板后，水流向上，粪便颗粒沉淀的速度大于上升水流速度，则沉落于池底的粪斗中，清水由池周的出水口流出。粪水在池内静止可使 50% ~85% 的固形物沉淀，故利用沉淀池既可减少恶臭的产生，又便于上清液的利用。为便于沉淀，沉淀池应大而浅，最大深度不超过 1.2 $m^2$，但水深不小于 0.6 m，以保证粪水进入粪池时不至于将已沉淀的沉渣冲起，沉淀池面积一般以每小时粪水量来计算，即粪水流入量 1 000 $m^2$/ h 配套 1 $m^2$ 沉淀池面积。

c. 氧化池：当往粪水中充入空气供氧时，粪水中的好氧微生物就会将多数有机固形物分解成小分子的物质，从而达到粪水的无害化。修建氧化池就是利用该原理简单有效地对猪场粪水加以处理。氧化池一般为长圆形，设于漏缝地板下或舍外一侧，池面积相当于猪舍地面面积，水深 0.9~1.5 m，池内安装搅拌器，其轴安装位置略高于氧化池液面，搅拌器不断旋转，可使漏下的固体粪便加速分离，使分离的粒子悬浮于池液中，同时向池液供氧，并使池内的混合液沿池壁循环流动，使氧化池内有机物充分利用好氧微生物发酵，猪舍内无不良气味。搅拌器转速快则供氧多,一般以 $80 \sim 100$ r/min 为宜。

d.沼气池:利用沼气池可以把粪便污水等转化为生物能,是废物处理和利用相结合的一种很好的方法,沼气池有间断产气型和连续产气型两种,间断产气型适用于小规模猪场,即把粪尿放入一个厌氧罐里使其发酵产生沼气后使用,待沼气用完后再把罐内残留物倒出,重新开始下一个产气过程。连续产气型沼气池可在不影响沼气产生的情况下,有规律地向池内加入原料。沼气生产温度应控制在 $20 \sim 55$ ℃目的是保住发酵时产生的热量以预热产气原料或加热沼气池等。沼气产出后通过装有石灰水和铁粉或铁锉屑等化学物质的"净化器",吸收掉 $CO_2$、$H_2S$ 等,可得到 $80\% \sim 95\%$ 的甲烷气。

③其他设施:

a.猪舍附属设施:每栋猪舍配有值班室、饲料间等,注意送料和清粪不能交叉。

b.后勤保障设施:一个猪场应有饲料车间、出猪台、自备电机房、生产资料仓库、锅炉房、水塔以及各种生活福利设施等。

# 任务 2.3　防疫条件与设施要求

现代化猪场要保证大群猪只的健康,防疫是关键,在修建猪场时要充分考虑防疫条件与设施要求。

## 2.3.1　猪场的卫生防护

猪场场界要划分明确,四周应建有较高的围墙或防疫沟,以防场外人员及其他动物进入场区。为更有效切断外界的污染因素,必要时可往沟内放水,或在场内各区域间设较小的防疫沟或围墙,或结合绿化培植隔离林带。

### 1)场界隔离林带

根据猪场实际情况,在猪场四周应种植 $1 \sim 2$ 行或更多行适合当地生长的高大的乔木,特别是在冬季主导风向的迎风面可以适当增加树木的行数和种植密度,起到防风挡沙,降低粉尘,减少噪声的作用。

### 2)防疫沟

在猪场的选址和建设中,可以利用天然的河流,山沟或人工挖掘猪场外围的防御沟,起到隔绝外界环境,杜绝野生动物进入猪场的作用,减少因为人为或野生动物带来疫病的可能性。

### 3)围墙

猪场与外界应有围墙,通常猪场的围墙有砖墙和钢围栏两种。围墙外面可以因地制宜建立防疫沟,围墙高 2 m 以上,以防止其他动物(特别是猫、狗、鼠)和人进入猪场,有效避免一些疾病的传播。砖墙具有使用年限长、易维修、不透风的特点,可以做猪场外墙围栏和猪舍外墙;钢围栏简便,易于安装,维护简便,透风透气,但是易于锈蚀,多用于猪场内部分离场舍。钢围栏和砖围墙分别如图 2.31 和图 2.32 所示。

图 2.31　钢围栏

图 2.32　砖围墙

**4）建筑物的卫生间距**

猪场建筑物间的卫生间距应根据猪场面积、猪场规模、建筑物用途和性质及防疫设施的特点等合理安排，一般为 10 ~ 500 m，猪场建筑物之间的卫生间距越大越好，鉴于土地资源的有限性，在满足防疫卫生需要的前提下，我国猪场采用的卫生间距推荐值为：同种猪舍间：10 ~ 15 m；不同种猪舍间：15 ~ 20 m；防疫隔离区距猪舍：200 ~ 300 m；贮粪池距猪舍 50 ~ 100 m。

## 2.3.2　场区入口要求

猪场大门及各区入口处、各猪舍的入口处应设相应的消毒设施，如车辆消毒池、人的脚踏消毒槽或喷雾消毒室、更衣换鞋间等。如安装紫外线杀菌灯应强调消毒时间（3 ~ 5 min），通过式（不停留）的紫外线杀菌灯照射达不到卫生安全目的，因此有的猪场安装定时通过指示器（定时灯或铃声）。

**1）猪场大门**

猪场大门设有门卫、人员消毒通道、车辆消毒池及消毒盆。人员消毒通道地面设 0.05 m 深、2 m 左右长的消毒池，墙体一面安装带有门禁的超声波雾化消毒器，使用 0.5% 的过氧乙酸喷雾消毒，人员进入大门后还要在装有 0.2% 的过氧乙酸溶液的消毒盆中洗手；车辆消毒池宽度为进入处宽度，不设台阶，长度不低于车辆车轮行驶的 2 周半长，池内放置 2% 烧碱水溶液，车辆消毒池顶和两侧设车辆喷雾感应喷头，车身及其他部分使用 1∶800 聚维酮碘喷雾消毒。无论猪场员工、外来人员和物资进入猪场时，均应通过消毒门岗，消毒池每天应有专人更换消毒液（图 2.33）。

图 2.33　人员车辆消毒通道

### 2)生产区大门

生产区出入口设有男女淋浴室、更衣室及 0.05 m 深、2 m 左右长的消毒室,墙体一面(或放置)安装带有门禁的超声波雾化消毒器(图 2.34),所有进入生产区人员(外来人员禁止进入)都必须充分淋洗,特别是头发,然后换上工作服及雨鞋通过消毒池经超声波雾化消毒进入生产区、生活区或办公区;更衣室屋顶和 4 个墙面安装紫外线灯,四周墙面安装衣服挂钩,用于工作服的消毒,或者密闭门窗,使用 15% 过氧乙酸放置在玻璃容器中加热熏蒸工作服 1~2 h。

图 2.34　超声波雾化消毒

### 2.3.3　防疫消毒

兽医室是防疫消毒的重要窗口,猪场兽医每天与健康和患病猪只频繁接触,其所穿衣服和使用的器械,如果消毒不严均可能造成大面积污染传播疾病,因此在兽医室里面的衣柜中应安装紫外线灯,密闭衣柜后使用紫外线灯照射 30~60 min,用于服装的消毒。还必须配制高压锅、干燥箱、洗手盆、消毒桶等器具。煮沸消毒是猪场一般用于针头、注射器和手术器械的消毒常用方法,煮沸 10~15min 可以杀灭绝大多数细菌。干热灭菌主要用于注射疫苗和精液稀释器械的处理。高压蒸汽灭菌主要用于手术器械(特别是解剖器械)、注射针头和器具、人工授精器具等的消毒,要求温度为 121.3 ℃、气压 0.105 MPa,消毒时间为 15~20 min,可以杀灭所有细菌及其芽孢。还可使用 0.1% 苯扎溴铵浸泡消毒,主要用于手术器械、人工授精器具和猪舍设备用具的消毒。

### 2.3.4　猪舍消毒

每栋猪舍门口要设置消毒池或消毒盆(图 2.35),员工进入猪舍工作前,先经猪舍入口处脚踏 1∶300 菌毒灭液的消毒池消毒鞋子,然后在门口 0.2% 过氧乙酸消毒盆中洗手,而且每日下班前必须更换消毒池和消毒盆中的消毒液。工作人员的手足未经消毒不能从一栋猪舍进入另一栋猪舍,本舍饲养员严禁进入其他猪舍。

图 2.35　猪舍门口的消毒池

### 1) 舍内带猪消毒

猪舍内使用机动喷雾器连同猪舍外、猪场道路每周定期清洗及喷雾消毒 2 次,在疫病多发季节可以两天消毒 1 次或一天消毒 1 次,消毒液用量按 300~500 mL/m²,消毒剂可以选择 0.1% 过氧乙酸、0.5% 强力消毒灵、0.015% 百毒杀溶液喷雾,消毒时间选择在中午气温较高时进行。对猪舍天花板、墙壁、猪体、地板由上到下进行消毒,对猪体消毒应在猪只上方 0.3 m 处喷雾,待全身湿透欲滴水、地面刚好湿润即可,一只猪大约需 1 L 消毒水。

### 2) 空栏消毒

小单元式(图 2.37)"全进全出"饲养工艺在猪群(日龄相差不超过 4 d)全部转出后或下批转栏前、空舍 7 d 进行严格的消毒。方法为猪舍空栏—清除粪便及垃圾—高压水枪冲洗—干燥—火焰消毒地面、墙面和猪栏—喷洒消毒—干燥—熏蒸消毒—喷洒消毒—干燥—进猪。空猪栏待猪舍冲洗干净并晾干后,用 2%~3% 烧碱水溶液浸渍 2 h 以上,再用刷子刷洗,然后用清水冲洗;其他工具、饲料食槽、垫板、保温箱体和其他能取下的地板等均可以使用 2%~3% 烧碱水溶液浸渍 2 h 以上,再用刷子刷洗,然后用清水冲洗;地面和墙面首先是清水冲洗晾干后,使用 10% 石灰乳粉刷一遍;猪舍清洗晾干后密闭门窗,使用福尔马林与高锰酸钾熏蒸消毒 24 h,使用前一天开门窗;进猪前还要使用 2% 戊二醛喷雾消毒整个猪舍。

图 2.36 机动喷雾器　　　　　　　　　图 2.37 小单元猪舍

### 3) 空气过滤

为了减少病原菌通过空气的传播,使用空气过滤装置对进入猪舍的空气进行过滤,特别是蓝耳病出现以后这种猪舍出现很多。

### 4) 水源消毒

猪场饮水大多数取自地下水源,均需经过过滤、沉淀的处理方式,然后加入 0.000 4% 的氯胺溶液进行药物消毒或使用臭氧进行消毒,大多使用二氧化氯进行药物消毒,毒副作用小,口感好。

### 5) 病死猪、废弃物及粪污的消毒

病死猪和废弃物一般采用深埋和焚烧,也可以使用病死猪处理池发酵处理,但是深埋一定要选择远离饮用水源和居民区的地方,且所挖坑不低于 2 m,但焚烧深埋前尸体要先用 3% 烧碱水溶液消毒,深埋还要撒生石灰,运尸体车辆要用 0.5%~1% 的烧碱水喷雾;猪场粪

污一般采用堆肥发酵和化学消毒结合的办法,利用微生物来清除病原微生物,粪污使用20%漂白粉乳剂消毒或使用50 mg/L有效含氯消毒剂2份加入1份粪便中。这几种方法都能够最大限度地减少疾病传播的可能(图2.38)。

  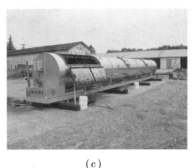

(a) (b) (c)

图 2.38 病死猪处理池

### 2.3.5 猪场监控设施

监控设施(图2.39)是现代标准化猪场必备的设备,也是防疫设施监控的重要补充,可一天24 h不间断监控猪舍猪只情况和场内环境,一般猪场安装在管理区的办公室,监控有两种使用情况:一是监控场区环境,使用固定的监视器,对准一个方向,也有使用360°旋转的球形监视器;二是猪舍内部用于观察猪只情况,一般使用360°旋转的球形监视器,方便观察猪舍猪只情况,做到360°无死角。监控器平时可以作为猪场管理者和场外参观者了解猪场猪只情况的工具,避免人员进入猪舍带入病菌,传播疾病减少猪场污染的机会。目前有的猪场结合物联网技术,做到24 h使用任意终端了解猪场生产管理情况,开展O2O营销,同时对加入国家联合育种和信息化平台的建设都具有极大意义。

  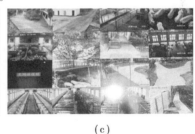

(a) (b) (c)

图 2.39 猪场监控设备

### 2.3.6 待售猪舍

待售猪舍(图2.40)是种猪场必需的一个防疫设施,目的是方便购猪者能够通过玻璃窗近距离观察猪只,而又不接触猪只,避免进入猪场里面给猪场的防疫带来更大的压力,待售舍一般建在生产区和管理区之间,生产区待售的种猪和商品猪可以通过赶猪道相连,这样既方便了购猪者和管理者,同时也方便了猪场的生产和管理。购猪人员走后,要马上使用0.5% ~ 1%的烧碱水喷雾人行通道、赶猪通道和售猪区域,以减少其被外来人员污染的机会。

图 2.40　待售猪舍

 **小常识**

O2O 即 Online to Offline,也即将线下商务的机会与互联网结合在了一起,让互联网成为线下交易的前台。这样线下服务就可以用线上来揽客,消费者可以用线上来筛选服务,成交可以在线结算。该模式最重要的特点是:推广效果可查,每笔交易可跟踪。目前有些猪场结合物联网技术,开展 O2O 营销模式。

O2O 营销模式又称离线商务模式,是指线上营销线上购买带动线下经营和线下消费。有 3 个特点:一是交易在线上进行;二是消费服务在线下进行;三是营销效果是可监测的。

 问 题 探 究

1. 建设标准化猪场需做哪些前期准备工作?
2. 修建标准化猪场时需具体考虑什么问题?

 **思考作业**

1. 猪场如何进行总体布局?
2. 猪舍设计的基本原则是什么?
3. 修建猪场有哪些防疫条件要求?

# 项目3 生产规范化

## 项目导读

依法履行行业标准,推行标准化生产,实行饲养管理规范化,实施健康养殖战略是现代养猪生产发展方向。通过本项目学习,学生可了解猪场生产管理和不同阶段生猪生产技术操作规程,熟悉养猪生产工艺流程与管理操作规程,掌握规范化养猪生产技术,提高猪场生产与管理能力。

## 【引言】

充分发挥养猪硬件设备设施和人员技术管理的资源优势,建立规范完整的养殖档案,制订并实施科学规范的畜禽饲养管理规程,配备与饲养规模相适应的畜牧兽医技术人员,严格遵守饲料、饲料添加剂和兽药使用规定,生产过程实行信息化动态管理,是增强市场竞争能力、降低市场与疫病风险、壮大规模养猪企业、提高养猪经济效益的重要前提与保证。

猪场的生产与管理严格按照养猪生产技术规范操作程序和工作要求进行有效组织实施,以确保整个猪场高效有序且健康安全生产。猪场的生产过程是将品种(遗传)、营养(饲料)、环境条件和猪群健康水平进行有效结合,充分合理全面地调动提升猪场各个方面有利因素,努力消除或弱化不利因素,不断提高猪场品种质量,提供不同猪群的营养需要,尽量满足不同猪群所需的环境条件,全力提升猪群的健康水平。将品种、营养、健康、环境在不忽视任何一方的前提下进行合理整合,是猪场生产与管理工作的关键所在。品种是养猪生产高效率的基础,但营养、健康、环境条件则影响和限制着品种遗传性能的发挥。品种一定,营养要求一定,但健康水平的高低、环境条件的好坏会影响饲料的充分利用,营养和环境还可导致猪的健康水平下降,猪群的健康水平越高,品种性能的发挥就越充分,营养物质的利用会更充分,对环境条件的要求也会相对宽松,而环境条件越符合猪群的不同需要时,猪群生产性能表现也会越充分,身体状况就会越健康。为此要办好猪场和养好猪,就要全面综合考虑猪场各个方面和养猪生产各环节的复杂性和关联性,以猪群的健康稳定为核心,在烦琐细微的工作过程中,力争达到产能最大化、成本最低化、质量最优化,促进猪场和员工共同成长,扎实有效地推进现代养猪事业的持续健康稳定发展。

# 任务 3.1　猪场生产管理

　　猪场管理是解决猪场经济实体内部如何合理组织各项经济活动,侧重生产方向和目标的具体落实,解决有关计划、组织、协调等方面的具体问题。养猪生产的目的是获得较高的经济效益,但效益的大小取决于养猪生产的组织与管理水平,其管理工作是以市场信息为基础、市场需要为目标来进行计划和决策的,通过建立有效的生产秩序,采取有效的生产手段和技术措施,及时解决生产与流通等环节所出现的各种矛盾和问题。养猪生产的组织与管理包括猪舍的建筑、优良猪种的供应、市场信息的提供、饲料的加工调制与供应、养猪技术培训指导、产品的加工流通销售等与养猪生产有关的许多工作,其中某一项工作未能做好都将影响养猪生产,为此设立组织机构,定岗定编,明确岗位职责,建立健全各项规章制度,聘用优秀人才竞争上岗,制订工作流程和每日工作安排,编制配种分娩计划、猪群周转计划、饲料供应计划和卫生防疫计划等,有组织有计划地安排工作,有效利用时间,提高工作效率。

　　猪场生产管理就是将行政管理过程中制订的计划、提出的目标任务,分解到每个生产部门。为了使各生产部门能完成各自计划任务,制订规范的操作程序和工作要求,由部门负责人领导本组人员实施、生产技术部负责人督促完成。

## 3.1.1　生产计划

　　制订计划是对猪场的投入、产出及其经济效益作出科学的预见和安排,计划是决策目标的进一步具体化,生产计划是猪场经营计划的关键,制订生产计划时必须重视饲料与养猪发展比例之间的平衡,以最少的生产要素(猪舍、资本、劳力等)获得最大经济效益为目标。生产计划主要包括配种计划、分娩计划、猪群周转计划、栏圈安排计划、饲料使用计划等,其中繁殖计划是核心。猪场根据条件、规模、生产方向,选择合理的工艺流程和技术参数,按《规模化猪场生产技术规程》(GB/T 17824.2—2008)确定猪群存栏头数与结构,制订切合实际的周、月和年度生产计划以及目标任务。

### 1)配种分娩计划

　　猪的配种分娩计划在很大程度上影响着养猪生产的产品率,在更大程度上决定着产品出场时期,从而影响到畜产品的年供应状况,所以在制订配种分娩计划时应考虑如何提高产品率,并符合社会对产品的需求习惯。配种分娩计划主要包括在一定时间内(每月或每周)繁殖母猪配种产仔、仔猪断奶、商品猪出售数量和质量等,制订此计划时除了根据本场的经营方针和生产任务外,还需掌握年初猪群结构、配种分娩的方式和时间、上年末母猪妊娠情况、母猪淘汰数量与时间、母猪分娩胎数等有关情况,同时还要考虑圈舍设备等条件,参照上一年9—12月有关记录制订。配种分娩计划表见表3.1。

表3.1 配种分娩计划表

| 年度 | 月份 | 配种数 | | | 分娩数 | | | 产仔数 | | | 断奶仔猪数 | | | 备注 |
|---|---|---|---|---|---|---|---|---|---|---|---|---|---|---|
| | | 基础母猪 | 检定母猪 | 合计 | 基础母猪 | 检定母猪 | 合计 | 基础母猪 | 检定母猪 | 合计 | 基础母猪 | 检定母猪 | 合计 | |
| 上年度 | 9 | | | | | | | | | | | | | |
| | 10 | | | | | | | | | | | | | |
| | 11 | | | | | | | | | | | | | |
| | 12 | | | | | | | | | | | | | |
| 本年度 | 1 | | | | | | | | | | | | | |
| | 2 | | | | | | | | | | | | | |
| | 3 | | | | | | | | | | | | | |
| | 4 | | | | | | | | | | | | | |
| | 5 | | | | | | | | | | | | | |
| | 6 | | | | | | | | | | | | | |
| | 7 | | | | | | | | | | | | | |
| | 8 | | | | | | | | | | | | | |
| | 9 | | | | | | | | | | | | | |
| | 10 | | | | | | | | | | | | | |
| | 11 | | | | | | | | | | | | | |
| | 12 | | | | | | | | | | | | | |
| 全年合计 | | | | | | | | | | | | | | |

**2）猪群周转计划**

制订猪群周转计划主要是确定各类猪群的数量,了解猪群的增减变化,以及年终保存合理的猪群结构。它是计算产品产量的依据之一,因而是制订产品计划的基础,并且能决定猪群再生产状况,直接反映年终猪群结构及猪群扩大再生产任务的完成状况。

猪群常常因繁殖、发育、购入、出售、淘汰和死亡等原因,引起各类及各年龄猪数量上的变化,因此在配种分娩计划的基础上根据猪场经营规划编制猪群周转计划,是制订饲料供应计划等的基础,在猪场的组织经济工作中具有重大意义。

猪群的变动一般称为猪群周转。制订猪群的周转计划,要有技术上和经济上的依据,要充分考虑各类猪群的组成和变动情况。计划年初各种性别年龄猪的实有头数,计划年末各猪群按任务要求达到的猪只头数,计划年内各月份(周)出生的仔猪头数,出售和购入猪只的头数,年内淘汰种猪数量猪群转头数,此外还考虑种猪淘汰率、母猪分娩率、仔猪成活率等因素的影响。

猪群周转计划实际上是在一定时期内各个猪群以整个养猪场猪只的收支计划,由于猪繁殖周期短、数量多、生长快,每月变化很大,为了更好地掌握猪群变动情况,使计划年末的猪群结构更加合理,保证猪场计划得到落实,除编制年度猪群周转计划外,还可按月份进行编制。常见的猪群周转计划表见表3.2和表3.3。

表3.2　猪群周转计划表（1）

| 级　别 | 年初数 | 月　份 | | | | | | | | | | | | 备注 |
| | | 1 | 2 | 3 | 4 | 5 | 6 | 7 | 8 | 9 | 10 | 11 | 12 | |
| --- | --- | --- | --- | --- | --- | --- | --- | --- | --- | --- | --- | --- | --- | --- |
| 种公猪 | | | | | | | | | | | | | | |
| 基础母猪 | | | | | | | | | | | | | | |
| 检定母猪 | | | | | | | | | | | | | | |
| 仔猪：<br>　1月龄<br>　2月龄 | | | | | | | | | | | | | | |
| 后备猪：<br>　3月龄<br>　4月龄<br>　5月龄<br>　6月龄<br>　7月龄<br>　8月龄<br>　9月龄 | | | | | | | | | | | | | | |
| 生长肥育猪：<br>　3月龄<br>　4月龄<br>　5月龄<br>　6月龄<br>　7月龄 | | | | | | | | | | | | | | |
| 淘汰猪：<br>肥育第1月<br>肥育第2月<br>肥育第3月<br>　成年公猪<br>　繁殖母猪 | | | | | | | | | | | | | | |
| 出售：<br>　断奶仔猪<br>　肉猪 | | | | | | | | | | | | | | |
| 总　计 | | | | | | | | | | | | | | |

表 3.3 猪群周转计划表(2)

| 项 目 | | 上年存栏 | 月 份 | | | | | | | | | | | | 合计 |
|---|---|---|---|---|---|---|---|---|---|---|---|---|---|---|---|
| | | | 1 | 2 | 3 | 4 | 5 | 6 | 7 | 8 | 9 | 10 | 11 | 12 | |
| 基础公猪 | 月初数 | | | | | | | | | | | | | | | |
| | 淘汰数 | | | | | | | | | | | | | | | |
| | 转入数 | | | | | | | | | | | | | | | |
| 检定公猪 | 月初数 | | | | | | | | | | | | | | | |
| | 淘汰数 | | | | | | | | | | | | | | | |
| | 转入数 | | | | | | | | | | | | | | | |
| | 转出数 | | | | | | | | | | | | | | | |
| 后备公猪 | 月初数 | | | | | | | | | | | | | | | |
| | 淘汰数 | | | | | | | | | | | | | | | |
| | 转入数 | | | | | | | | | | | | | | | |
| | 转出数 | | | | | | | | | | | | | | | |
| 基础母猪 | 月初数 | | | | | | | | | | | | | | | |
| | 淘汰数 | | | | | | | | | | | | | | | |
| | 转入数 | | | | | | | | | | | | | | | |
| 检定母猪 | 月初数 | | | | | | | | | | | | | | | |
| | 淘汰数 | | | | | | | | | | | | | | | |
| | 转入数 | | | | | | | | | | | | | | | |
| | 转出数 | | | | | | | | | | | | | | | |
| 哺乳母猪 | | | | | | | | | | | | | | | | |
| 断奶仔猪 | | | | | | | | | | | | | | | | |
| 育成猪 | | | | | | | | | | | | | | | | |
| 后备母猪 | | | | | | | | | | | | | | | | |
| 肥育猪 | 60 kg 前 | | | | | | | | | | | | | | | |
| | 60 kg 后 | | | | | | | | | | | | | | | |
| 月末存栏总数 | | | | | | | | | | | | | | | | |
| 出售淘汰总数 | 断奶仔猪 | | | | | | | | | | | | | | | |
| | 后备公猪 | | | | | | | | | | | | | | | |
| | 后备母猪 | | | | | | | | | | | | | | | |
| | 肥育猪 | | | | | | | | | | | | | | | |
| | 淘汰猪 | | | | | | | | | | | | | | | |

### 3）饲料使用计划

饲料是养猪生产的物质基础,饲料使用计划是养猪年度计划中的重要计划之一,猪场根据本场饲料需要量计划和饲料基地饲料来源,从社会购入数量等条件编制饲料供应计划。依据不同猪群饲料消耗指标和饲喂量,计算不同类别猪群需要的饲料数量,累计得出总饲料需要量,按照饲料配方计算出相应饲料原料需要量,制订出当年、季度、每月或每周的饲料使用计划,做好饲料库存,加强管理,防止饲料变质。饲料使用计划表见表3.4。

表3.4　饲料使用计划

| 项 目 | | | 种公猪（10月龄以上） | 种母猪（10月龄以上） | 后备猪 | 哺乳仔猪 | 断奶仔猪 | 育成猪 | 肥育猪 | 合 计 | 金 额 |
|---|---|---|---|---|---|---|---|---|---|---|---|---|
| 1月 | 31 d | 头数<br>种公猪<br>种母猪<br>后备猪<br>哺乳仔猪<br>断奶仔猪<br>育成猪<br>肥育猪<br>合计 | | | | | | | | | |
| 2月 | 28 d | 头数<br>种公猪<br>种母猪<br>后备猪<br>哺乳仔猪<br>断奶仔猪<br>育成猪<br>肥育猪<br>合计 | | | | | | | | | |
| …… | | | | | | | | | | | |
| 全年全群合计 | | 饲料总需要量<br>种公猪需要量<br>种母猪需要量<br>后备猪需要量<br>哺乳仔猪需要量<br>断奶仔猪需要量<br>育成猪需要量<br>肥育猪需要量 | 全年饲料总额 | | | | | | | | |

### 3.1.2　人员管理

为明确责任、规范劳动,需建立明晰的与责、权、利统一的生产管理制度。养猪生产中常用生产责任制、经济责任制和岗位责任制 3 种不同的管理形式。责任制是猪场经营者为了调动员工的积极性,增强工作责任心,提高猪场的生产水平和经济效益,根据猪场各生产阶段的不同特点制订的生产成绩高低与个人效益挂钩的管理办法,职工工资一般由岗位工资加效益工资构成。

生产责任制的核心是明确规定生产者的任务,经营者和生产者的权利及其奖惩内容。生产责任制中的责、权、利反映人与人在生产劳动过程中的分工协作关系和分配中的物质利益关系,它对维持正常的生产秩序,做好经营管理,提高经济效益具有重要作用。生产责任制有联产计酬、联产承包、计酬形式(计件工资制、计时工资制、计时结构工资、浮动工资制和混合制)、奖励与津贴(单项奖、综合奖和津贴)。

岗位责任制管理的核心是定额管理,其显著特点是管理的数量化。岗位责任制管理中的主要定额内容有:劳动定额和饲料使用定额等。生产过程中的饲料、兽药、燃料、劳动力等消耗定额和产品成本关系十分密切,制订先进而又可行的各项消耗定额,既是编制成本计划的依据,又是审核控制生产费用的重要内容。因此为了加强生产管理和成本控制,猪场必须建立健全定额管理制度,并随着生产的发展、技术的进步、劳动生产率的提高,不断修订定额,以充分发挥定额管理的作用。

**1)定编及责任分工**

根据猪场性质、规模大小和目标任务确定组织架构与岗位定编,考虑机械化和自动化程度,落实责任分工,实行场长负责制,具体工作专人负责,既有分工又有合作,下级服从上级,重点工作协调进行,重要事情通过场领导班子研究解决,执行周生产例会和技术培训制度。

一般设猪场场长 1 名,主管 1 名,配种妊娠舍、分娩保育舍、生长肥育舍组长各 1 名,饲养员根据饲养量的大小等定编,后勤、会计出纳、司机、维修、门卫、炊事员等根据需要设置人数。每个岗位都有岗位职责,经过竞聘上岗,遵守岗位职责,按制度和要求办事,受聘人员必须与用人单位签订劳动合同,明确责权利关系。

(1)猪场场长的岗位职责

猪场场长负责猪场的全面工作。具体职责是:负责制订和完善猪场的各种管理制度和技术操作规程;负责后勤保障工作的管理,及时协调各部门之间的工作关系;负责制订具体的实施措施,落实完成本单位各项任务;负责监控本场的生产情况、员工工作情况和卫生防疫,及时解决出现的问题;负责编制全场的经营生产计划和物资需求计划;负责全场的生产报表,并督促做好月总结工作和周上报工作;做好全场员工的思想工作,及时了解员工的思想动态,出现问题及时解决,及时向上反映员工的意见与建议;负责全场直接成本费用的监控与管理;落实完成上级下达的全场经济指标;直接管控生产线主管,通过生产线主管管理生产线员工;负责全场生产线员工的技术培训工作,每周或每月主持召开生产例会。

（2）生产主管的岗位职责

生产主管负责生产线日常工作。具体职责是：协助猪场场长做好工作；负责执行并组织实施饲养管理技术操作规程、卫生防疫制度和有关生产线的管理制度；负责生产线报表工作，随时做好统计分析，以便及时发现问题并解决问题；负责猪场疫病防控工作；负责生产线饲料、药物直接成本费用的监控与管理；负责落实和完成场长下达的各项任务；直接管辖组长，通过组长管理员工。

（3）组长的岗位职责

猪场组长主要指配种妊娠舍组长、分娩保育舍组长、生长育肥舍组长，其共同的岗位职责为：负责组织本组人员严格按照《饲养管理技术操作规程》和每周工作日程进行生产；及时反映本组中出现的生产和工作问题；负责整理和统计本组的生产日报表和周报表；负责本组人员休息替班安排；负责本组定期全面消毒、清洁绿化工作；负责本组饲料、药品、工具的使用计划与领取及盘点工作；服从生产线主管的领导，完成生产线主管下达的各项生产任务。各组长相应不同的岗位职责为：

①配种妊娠舍组长的岗位职责：负责本生产线配种工作，保证生产线按生产流程运行；负责本组种猪转群、调整工作；负责本组公猪、后备猪、空怀猪、妊娠猪的预防注射工作。

②分娩保育舍组长的岗位职责：负责本组空栏猪舍的冲洗消毒工作；负责本组母猪、仔猪转群调整工作；负责哺乳母猪、仔猪预防注射工作。

③生长育肥舍组长的岗位职责：负责肉猪出栏工作，保证出栏猪的质量；负责生长、育肥猪的周转调整工作；负责本组空栏猪舍冲洗消毒工作；负责生长、育肥猪预防注射工作。

（4）饲养员的岗位职责

①辅配饲养员的岗位职责：协助组长做好配种、种猪转栏、调整工作；协助组长做好公猪、空怀猪、后备猪预防注射工作；负责大栏内公猪、空怀猪、后备猪的饲养管理工作。

②妊娠母猪饲养员的岗位职责：协助组长做好妊娠猪转群调整工作；协助组长做好妊娠母猪预防注射工作；负责定位栏内妊娠猪的饲养管理工作。

③哺乳母猪、仔猪饲养员的岗位职责：协助组长做好临产母猪转入、断奶母猪及仔猪转出工作；协助组长做好哺乳母猪、仔猪预防注射工作；负责2个单元大约40头产栏哺乳母猪、仔猪的饲养管理工作。

④保育猪饲养员的岗位职责：协助组长做好保育猪转群调整工作；协助组长做好保育猪预防注射工作；负责2个单元大约400头保育猪的饲养管理工作。

⑤生长肥育猪饲养员的岗位职责：协助组长做好生长肥育猪转群调整工作；协助组长做好生长肥育猪预防注射工作；负责3个单元大约600头生长肥育猪的饲养管理工作。

⑥夜班饲养员的岗位职责：每天工作时间为白班的午休时间和夜间，一般午间11：30—14：00，晚间17：30—次日7：30，2名饲养员夜间轮流；负责值班期间猪舍猪群防寒保暖、防暑通风工作；负责值班期间防火、防盗等安全工作；重点负责分娩舍接产、仔猪护理工作；负责哺乳仔猪夜间补料工作；做好值班记录。

猪场生产例会与技术培训制度是为了定期检查总结生产上存在的问题，及时研究出解决方案，有计划地布置下一阶段工作，使生产有条不紊地进行；同时也是为了提高饲养人员和管理人员的技术素质，进而提高猪场生产管理水平。一般情况下，培训安排在周一晚上进行，生产例会1h，培训1h，特殊情况下灵活安排，总结检查上周工作，安排布置下周工作，按生产进度或实际生产情况进行有目的、有计划的技术培训,对生产例会上提出的一般技术性问题,要当场研究解决,涉及其他问题或较为复杂的技术问题,要在会后及时上报,讨论研究,并在下周的生产例会上予以解决。

### 2)规章制度与免疫程序

猪场根据《畜禽养殖质量管理体系建设通则》(NY/1596—2007)的要求进行制度建设,建立投入品(含饲料、药物、疫苗)使用管理、卫生防疫等管理制度,健全各项规章制度和规定,做到有章可循,按规定办事和进行生产,避免管理上的随意性,各项管理制度成册并上墙,主要包括猪场的卫生管理制度、消毒制度、疫病预防制度、动物疫病监测制度、发生动物疫病后的控制与扑灭措施、财务管理制度、物资原料管理制度、生产管理制度、劳动纪律制度、购销后勤保障制度和奖惩制度等,制订符合本场各种用途猪的免疫和用药程序表,管理者和一般工作人员一同遵守,一视同仁,任何人不能有特权。表 3.5 为规模化猪场主要传染病免疫程序。

表 3.5　规模化猪场主要传染病免疫程序

| 病　名 | 猪　别 | 疫苗接种时间 |
|---|---|---|
| 猪瘟 | 仔猪 | 首免 20 日龄;二免 50～60 日龄,用猪瘟弱毒苗 |
| | 种猪 | 每年 3、9 月份各接种 1 次,用猪瘟弱毒苗;猪瘟发病的疫点猪场,为杜绝本病的发生,除上述程序外,还可以提前免疫,即仔猪生后擦干羊水和黏液后,立即注射 2 头份猪瘟单苗,接种后 3 h 再让其吃初乳 |
| 猪丹毒 | 仔猪、种猪 | 50～60 日龄种,用猪丹毒、猪肺疫二联苗;每年 3、9 月份各接种 1 次,用猪丹毒、猪肺疫二联苗 |
| 猪肺疫 | 仔猪、种猪 | 50～60 日龄种,用猪丹毒、猪肺疫二联苗;每年 3、9 月份各接种 1 次,用猪丹毒、猪肺疫二联苗 |
| 仔猪副伤寒 | 仔猪 | 首免 30～40 日龄;二免 70 日龄,用本地菌株制苗效果最好 |
| 细小病毒病 | 种公猪 | 引进青年公猪时免疫接种,3 周后重复免疫,以后每 6 个月免疫 1 次 |
| | 母猪 | 配种前 4 周免疫 1 次,每 6 个月免疫 1 次 |
| 乙型脑炎 | 繁殖猪 | 每年 3、4 月份接种乙型脑炎弱毒苗 |
| 猪伪狂犬病 | 母猪 | 产前 40 d 注射猪伪狂犬病毒灭活疫苗 |
| 钩端螺旋体病 | 母猪 | 配种前 2～3 周进行免疫接种,6 个月后重复 1 次,非疫区可不免 |
| 猪萎缩性鼻炎 | 仔猪 | 于 3～7 日龄和 21 日龄进行 2 次免疫,非疫区可不免 |
| 仔猪黄白痢 | 种母猪 | 产前 14～21 d 注射本地菌株疫苗 |
| | 仔猪 | 发病严重的猪场,猪出生后 1～2 d,14～20 d 接种 2 次本地菌株疫苗 |
| 仔猪红痢 | 种母猪 | 产前 14 d 和 28 d 各免疫 1 次,未发病猪场可不免 |
| 猪喘气病 | 种猪 | 成年猪每年用灭活疫苗接种 1～2 次,肌注 |
| | 仔猪 | 首免 7～15 日龄,用弱毒疫苗;二免 2 周后,用灭活疫苗 |
| 猪口蹄疫 | 仔猪 | 灭活苗肌注,25 kg 以下 1 mL,25 kg 以上 2 mL |
| | 种猪 | 每 6 个月接种 1 次,出口猪出栏前 1 月免疫 |

### 3）人员要求

猪场应配备与规模相适应的技术人员,应经过畜牧兽医职业技能培训和鉴定,获得从业资格证书,技术负责人具有畜牧兽医专业中专以上学历并从事养猪业 3 年以上。猪场人员不准出场对外开展畜牧兽医技术服务。进入生产区时,应洗手或淋浴,穿工作服和胶靴,戴工作帽。工作服应保持清洁,定期消毒。饲养员严禁相互串舍,严禁饲养禽、犬、猫及其他动物。猪场食堂不得外购猪肉。猪场工作人员定期进行健康检查。外来参观者不得入内,如必须进入,须洗澡后更换场区工作服和工作鞋,严禁带入可能染疫的畜产品或其他物品,并遵守场内一切规章和防疫制度。

## 3.1.3 猪群管理

### 1）猪群管理

猪只按品种、性别、年龄、体重及不同生理生产阶段进行分群管理、分段饲养。根据猪种特点、生产性能及生产规模确定繁殖节律,实行连续、均衡生产和全进全出的工艺流程,采用的工艺流程参见《规模猪场建设技术规范》(DB51/T 1073—2010)。每天打扫猪舍及环境卫生,保持料槽、水槽、用具干净和地面清洁,观察猪群健康状态。定期检查饮水设备。按《生猪养殖场疫病防疫技术规范》(DB51/T 1101—2010)的要求,建立环境消毒、人员消毒、猪舍消毒、用具消毒、带猪消毒为主要内容的消毒制度。兽药使用要符合《无公害农产品兽药使用准则》(NY/T 5030—2016)的要求。定期投放灭鼠药,及时收集死鼠和残余鼠药,并做无害化处理。

改进猪群的管理工作,不断提高生产水平。必须健全生产记录,及时进行整理分析。主要包括配种记录表、仔猪登记表、生长发育记录表、系谱卡和猪群变动登记表(表 3.6)等。

表 3.6　猪群变动登记表　　　　　　　　　　　　　　年　月

| 群别 | 项目 | 1 | 2 | 3 | 4 | … | 28 | 29 | 30 | 31 | 饲养日 |
|---|---|---|---|---|---|---|---|---|---|---|---|
| | 期初 | | | | | | | | | | |
| | 转入 | | | | | | | | | | |
| | 转出 | | | | | | | | | | |
| | 出售 | | | | | | | | | | |
| | 死亡 | | | | | | | | | | |
| | 期初 | | | | | | | | | | |
| | 转入 | | | | | | | | | | |
| | 转出 | | | | | | | | | | |
| | 出售 | | | | | | | | | | |
| | 死亡 | | | | | | | | | | |

续表

| 群别 | 项目 | 1 | 2 | 3 | 4 | … | 28 | 29 | 30 | 31 | 饲养日 |
|---|---|---|---|---|---|---|---|---|---|---|---|
| | 期初 | | | | | | | | | | |
| | 转入 | | | | | | | | | | |
| | 转出 | | | | | | | | | | |
| | 出售 | | | | | | | | | | |
| | 死亡 | | | | | | | | | | |
| | 期初 | | | | | | | | | | |
| | 转入 | | | | | | | | | | |
| | 转出 | | | | | | | | | | |
| | 出售 | | | | | | | | | | |
| | 死亡 | | | | | | | | | | |
| 存栏合计 | | | | | | | | | | | |

**2) 每日工作流程**

规模化猪场其周期性和规律性强,生产过程环环相扣,因此要求全场员工对自己所做的工作内容和特点要非常清晰明了,做到每日工作事事清。一般猪场采用7 d制生产节律,可将繁殖的技术工作和劳动任务安排在一周5 d内完成,避开周六和周日,也有利于按周、按月和按年制订工作计划,建立有序的工作和休假制度,减少工作的混乱和盲目性。一般每周的工作内容如下:

①星期一:对待配后备母猪、断奶空怀母猪和返情母猪进行发情鉴定和人工授精,临产母猪转群,圈栏清洗消毒与维修。

②星期二:待配空怀母猪发情鉴定和人工授精,小公猪去势、肉猪出栏、清洁通风、机电等设备维修。

③星期三:母猪发情鉴定和配种、仔猪断奶、断奶母猪转舍、肥猪出栏、肥猪舍清洗消毒与维修、机电设备检查与维修。

④星期四:母猪发情鉴定、分娩舍的清洗消毒和维修、小公猪去势、预防免疫、给排水和清洗设备检查。

⑤星期五:母猪发情鉴定和人工授精配种,对断奶一周后未发情的母猪采取促发情措施、断奶仔猪的转群、预防免疫。

⑥星期六:检查饲料储备数量,检查排污和粪尿处理设备,更换消毒液,填写本周生产记录和报表,总结分析一周生产情况,制订下周的饲料、药品等物资采购与供应计划。

表3.7是某种猪场的每日工作日程表,仅供参考。

表 3.7　每周工作日程表

| 日期 | 配种妊娠舍 | 分娩保育舍 | 生长育成舍 |
|------|-----------|-----------|-----------|
| 周一 | 清洁消毒、淘汰猪鉴定 | 清洁消毒、临断奶母猪淘汰鉴定 | 清洁消毒、淘汰猪鉴定 |
| 周二 | 更换消毒液、接收断奶母猪、整理空怀母猪 | 更换消毒液、断奶母猪转出、空栏、清洗消毒 | 更换消毒液、空栏、清洗消毒 |
| 周三 | 不发情、不妊娠猪集中饲养、驱虫、免疫注射 | 驱虫、免疫注射 | 驱虫、免疫注射 |
| 周四 | 清洁消毒、调整猪群 | 清洁消毒、去势、僵猪集中饲养 | 清洁消毒、调整猪群 |
| 周五 | 清洁消毒、临产母猪转出 | 清洁消毒、接收临产母猪、做好分娩准备 | 清洁消毒、空栏冲洗消毒 |
| 周六 | 空栏冲洗消毒 | 仔猪强弱分群、剪牙、断尾、补铁等 | 出栏猪鉴定 |
| 周日 | 妊娠诊断复查、设备检查维修、周报表 | 清点仔猪数、设备检查维修、周报表 | 存栏盘点、设备检查维修、周报表 |

## 3.1.4　物资与报表管理

### 1)物资管理

建立猪场物质出入管理制度和进销存账,由专人负责管理,物资凭单进出仓,要货单相符,不准弄虚作假。生产必需品如药物、饲料、生产工具等要每月制订计划上报,各生产区(组)根据实际需要领取,不得浪费,要爱护公物,否则按奖惩条例处理。

### 2)猪场报表

建立完整的生产统计报表,及时反馈猪群动态和生产状况,并通过分析指导生产,有条件的猪场应逐步采用合理的计算软件,实行电脑化管理,实施信息化动态管理,制订统计报表的原则应力求简明扼要,及时正确,格式统一,计算单位一致。报表是反映猪场生产状况和管理水平的有效手段,是上级领导检查工作的重要途径之一,因此认真填写报表是一项严肃的工作,应予高度重视,各生产组长做好各种生产记录,准确如实填写周报表,交上一级主管,查对核额,及时送到场部。每个猪场由于管理的具体要求不同,表格设计各不相同,一般主要包括生产用表格和后勤用表格,如签呈、财务、购料(药)计划、领用记录、系谱、猪群变动记录、产仔、死亡(淘汰)、销售、转群、饲料消耗、药物和疫苗使用情况、保健、免疫消毒记录、配种等内容。常用的报表有配种记录表、产仔哺育记录表、饲料消耗记录日(周)报表、公猪登记卡、母猪繁殖记录牌、猪只移动登记表、肉猪销售日(周)报表、防疫记录表、病猪死亡记录表等报表应一式两份,最少保留 2 年。表 3.8—表 3.10 部分登记表供参考,其他报表根据猪场的实际情况进行设计。

表 3.8　公猪精液情况记录表

| 日期 | 公猪耳号 | 品种 | 采精量/mL | 颜色 | 气味 | 密度 | 活力 | 畸形率/% | 稀释液 | 分装瓶数 | 操作员 |
|---|---|---|---|---|---|---|---|---|---|---|---|
| | | | | | | | | | | | |
| | | | | | | | | | | | |
| | | | | | | | | | | | |
| | | | | | | | | | | | |
| | | | | | | | | | | | |
| | | | | | | | | | | | |
| | | | | | | | | | | | |
| | | | | | | | | | | | |
| | | | | | | | | | | | |
| | | | | | | | | | | | |
| | | | | | | | | | | | |
| | | | | | | | | | | | |
| | | | | | | | | | | | |

表 3.9　猪只死(淘)登记表

| 日期 | 舍号 | 死(淘)品种 | | | | 数量 | 死(淘)原因 | 饲养员 | 主管 | 场长 |
|---|---|---|---|---|---|---|---|---|---|---|
| | | | | | | | | | | |
| | | | | | | | | | | |
| | | | | | | | | | | |
| | | | | | | | | | | |
| | | | | | | | | | | |
| | | | | | | | | | | |
| | | | | | | | | | | |
| | | | | | | | | | | |
| | | | | | | | | | | |
| | | | | | | | | | | |
| | | | | | | | | | | |

## 表 3.10　消毒记录表

舍号：　　　　　　　　　　　　　　　　　　　　　　　　　饲养员：

| 日期 | 消毒剂 | 消毒剂量 | 消毒方式 | 消毒内容 | | | | 责任人 |
|------|--------|----------|----------|------|------|--------|----------|--------|
| | | | | 环境 | 圈舍 | 消毒池 | 带猪消毒 | |
| | | | | | | | | |
| | | | | | | | | |
| | | | | | | | | |
| | | | | | | | | |
| | | | | | | | | |
| | | | | | | | | |
| | | | | | | | | |
| | | | | | | | | |
| | | | | | | | | |
| | | | | | | | | |
| | | | | | | | | |
| | | | | | | | | |
| | | | | | | | | |
| | | | | | | | | |
| | | | | | | | | |
| | | | | | | | | |
| | | | | | | | | |
| | | | | | | | | |
| | | | | | | | | |
| | | | | | | | | |
| | | | | | | | | |
| | | | | | | | | |
| | | | | | | | | |
| | | | | | | | | |
| | | | | | | | | |
| | | | | | | | | |

# 任务 3.2　猪场生产技术规程

现代规模化养猪不仅要具备物质、经济基础,还要有相应的技术作保证。现代养猪生产要求按照养猪生产的配种、妊娠、分娩、哺乳、保育、生长和肥育7个环节组成一条生产线来进行生产。养猪场的每栋猪舍相当于一个生产车间,在一个车间内完成1~2个生产环节(生产工序),产品从一个车间转到另一个车间,从一道工序转到下一道工序,每个车间、每道工序必须完成规定的加工工艺,分工明确,职责清楚,层层把关,生产节奏强,劳动效率高,技术规程易于实现,能保证产品规格化。

## 3.2.1　生产工艺流程

生产工艺流程的制订要依赖于猪种、饲料营养、机械化程度和经营管理水平等实际情况,规模化养猪首先要解决的问题就是生产工艺的制订,生产工艺可分为一点一线的生产工艺和两点或三点式生产工艺。前者是各阶段的猪群饲养在同一地点,优点是管理方便,转群简单,猪群应激小,适合规模小资金少的猪场,目前是我国养猪业中采取的一般方式;后者通过猪群远距离隔离,达到控制各种特异性疾病、提高各个阶段猪群生产性能的目的,但需额外场地,在小型猪场不易实现。

**1)一点一线的生产工艺**

一点一线的生产工艺是指在一个地方,一个生场按配种、妊娠、分娩哺乳、保育、生长、肥育生产流程组成一条生产线。根据不同阶段饲养管理方式差异,分成5种常见的生产工艺。

①三段式生产工艺流程(图3.1):该工艺流程转群次数少,减少了应激,猪舍类型不多,节约维修费用,管理方便,但营养供应和环境控制等较粗放,增加了疾病防疫难度,也不利于机械化的操作和生长潜力的充分发挥。

图3.1　三段式生产工艺流程图

②四段式生产工艺流程(图3.2):该工艺流程的特点是哺乳期与保育期分开,国内多数规模化猪场采用这种生产工艺,猪群应激比较小,同时根据仔猪不同阶段的生理需要采取相应的饲养管理技术措施,有利于提高仔猪成活率,但增加1次转群,应激增多,影响猪的生长。

图3.2　四段式生产工艺流程图

③五段式生产工艺流程(图3.3和图3.4):该工艺流程有两种情况,便于饲养管理,有利于断奶母猪复膘、发情鉴定及配种,或肥育效果,但增加转群次数,应激也增大,应预防机械性流产。

图 3.3　五段式生产工艺流程图 1

图 3.4　五段式生产工艺流程图 2

④六段式生产工艺流程(图 3.5):该工艺流程最大限度地满足了其生长发育的营养需要和环境要求,有利于生长潜力的充分发挥,可减小猪舍面积,但转群次数多,应激增加,影响猪的生长,延长生长肥育期。

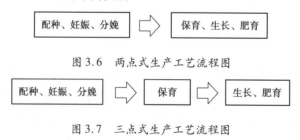

图 3.5　六段式生产工艺流程图

一点一线的生产工艺最大优点是地点集中,转群、管理方便;主要问题是由于仔猪和公母猪、大猪在同一生产线上,容易造成传染病水平和垂直传播,对仔猪的健康和生长带来严重的威胁和影响。

### 2)多点式生产工艺

鉴于一点一线生产工艺存在的卫生防疫问题及其对猪生产性能的限制,1993 年后美国养猪界开始采用多点式生产工艺,简称 SEW,即隔离早期断奶,是将仔猪在较小的日龄实施断奶(10 ~ 21 日龄),然后转到较远的另一个猪场中饲养,通过控制断奶日龄及断奶仔猪的饲养管理,实行仔猪早期断奶和隔离饲养相结合,防止病原积累和传染,从而提高猪群健康水平,母子隔离减少仔猪疾病发生,提高猪的生产性能,同时增加母猪年产仔窝数。目前有两点式生产工艺(图 3.6)和三点式生产工艺(图 3.7)。大型规模化猪场实行多点式饲养生产工艺,养猪生产工艺和猪场布局是以场为单位实行全进全出,有利于防疫与管理,可避免猪场过于集中给环境控制和废弃物处理带来负担,但缺点是猪场成本造价高。它把独立且隔离的种猪场、保育场、生长场、肥育场分设在不同的地点,相隔一定的卫生防疫安全距离,理想距离 3 ~ 5 km,100 ~ 500 m 视为合理。

图 3.6　两点式生产工艺流程图

图 3.7　三点式生产工艺流程图

## 3.2.2　生产技术要求

### 1)生产指标要求

不同的猪场由于其自身的资金与技术实力、生产管理水平和现代设备设施投入等不同,导致其养猪生产水平有很大差异,实现的生产指标差别较大。《规模化猪场生产技术规程》(GB/T 17824.2—2008)要求,后备母猪初胎产合格仔猪 8 头以上,初生合格仔猪窝重 10 kg以上,经产母猪年产 2.2 胎以上,每胎产合格仔猪 10 ~ 12 头,初生窝重 13 ~ 15 kg。5 周龄断奶均重达 8.5 kg 以上,70 日龄的体重达 25 kg 以上。产房仔猪死亡率低于 6%,保育舍仔猪死亡率低于 3%,生长育肥猪死亡率低于 2%。母猪连产两胎仔猪数均少于 6 头的应予以淘汰处理。

国家生猪标准化示范场建设标准要求,每头母猪年提供上市猪数 18 头以上(含 18 头),母猪配种受胎率 80% 以上(含 80%),日龄 170 d 以内(含 170 d)体重达 100 kg。

### 2)猪群结构

合理的猪群结构是保证猪群有计划地迅速扩群和提高质量的组织措施之一,对肉猪出栏及效益产生直接影响,其年龄结构对母猪群体繁殖力的影响也很大。任何性质的猪场,在建场初期,首先要选购一部分猪自繁自养,建立新的猪群进行生产,以后需按照生产要求,不断调整各类猪群比例,组成合理的猪群结构,保证猪群的正常补充,便于再生产和扩大再生产。猪场为了有计划地组织生产和更好地进行饲养管理,应以年龄、体重、性别和用途划分为哺乳仔猪、断奶仔猪、育成猪、后备公猪、后备母猪、种公猪、种母猪和肥育猪不同的猪群。一个正常的繁殖猪群应包括母猪、公猪、后备猪,所占比例应以基础母猪为转移,基础母猪占存栏猪的比例根据猪场性质而定,繁殖场或育种场如年分娩次数较多,每胎成活仔猪数多,基础母猪比例可小些,否则比例大些;商品场基础母猪占存栏猪的比例取决于肥育猪饲养周期长短,肥育猪周转快,基础母猪比例可大些,否则比例小些。

种猪群的年龄结构对生产指标影响很大,各种不同年龄的猪应保持适当的比例,以保证猪群的更新和正常周转(表 3.11)。《规模化猪场生产技术规程》(GB/T 17824.2—2008)要求,繁殖母猪根据猪场的生产规模,占全年生猪出栏计划总头数的 6% ~ 7%,母猪繁殖高峰期为 3 ~ 8 胎,8 胎后繁殖性能降低,为此母猪群的合理胎龄结构为 1 ~ 2 胎占生产母猪的30% ~ 35%,3 ~ 6 胎占 60%,7 胎以上占 5% ~ 10%。

表 3.11　母猪群的年龄结构

| 类　别 | 年龄/岁 | 占基础母猪总数/% | 备　注 |
|---|---|---|---|
| 鉴定母猪 | 1 ~ 1.5 | 40 ~ 60 | 初配开始至第一胎仔猪断奶的母猪,不包括在基础母猪群内 |
| | 1.5 ~ 2 | 35 | |
| | 2 ~ 3 | 30 | |
| 基础母猪 | 3 ~ 4 | 20 | 第一胎产仔经鉴定合格,留作种用的母猪 |
| | 4 ~ 5 | 10 | |
| | >5 | 5 | |
| 核心母猪 | 2 ~ 5 | 25 | 为本场提供后备猪,包括在基础母猪群内 |

种母猪利用年限 4 ~ 5 岁,即到 5 ~ 6 胎,繁殖性能优良的个体可利用到 7 ~ 8 胎;正常情况下公猪使用 2 ~ 4 年,因病、因伤不能使用者,精液品质不合格者,所配母猪受胎率低下者,均要进行淘汰,在生产中由于年龄、疾病和遗传疾病等原因其年淘汰更新率一般为

30% ~40%。

#### 3）核心母猪群的建立

核心母猪群直接影响猪群的质量，是保持提高种猪优良特性的手段，因此必须重视核心种猪群选择与培育。从繁殖母猪中严格精选出体质外貌优秀、繁殖和哺育性能好、后代生长发育较好者，年龄在 2 ~3.5 岁的做核心种猪群，核心群母猪头数应占繁殖母猪总头数的 25% ~30%。

#### 4）后备猪的选留

后备母猪的选育，可在核心群母猪第 2 ~5 胎的仔猪中挑选，选留的数量占种母猪群体的 30% ~40%。在断奶时采用窝选与个体选并重，选择要求：体质外貌好，断奶体重大，同窝仔猪数多且生长发育均匀，同窝仔猪中无遗传疾患，母猪乳头 7 对（杜洛克 6 对）以上，排列整齐均匀。在 6 月龄时根据生产性状构成综合选择指数进行选留或淘汰。此外，凡体质衰弱，肢蹄存在明显疾患，体形有损征，以及出现遗传缺陷者淘汰。对发情正常的母猪优先选留，配种时留优去劣，保证有足够的优良后备母猪补充，以确保基础母猪群的规模，留种用的后备猪需建立起系谱档案。

#### 5）种猪合理利用

要求瘦肉型后备母猪配种年龄为 8—9 月龄，体重在 110 ~120 kg。瘦肉型后备公猪配种年龄为 9—10 月龄，体重在 120 kg 以上，初次配种时进行配种调教，后备公猪开始配种或采精次数，每周 2 ~3 次为宜。成年公猪每天 1 次，连续使用 5 ~6 d 休息 1 d。自然交配的公母比例为 1：（25 ~30），人工授精的公母比例为 1：（100 ~200）。

#### 6）母猪适配时间

母猪发情鉴别确定发情后，按压其背部表现安定（或接受公猪爬跨）时配第 1 次，间隔 8 ~12 h 配第 2 次，母猪在一个发情期中配种 2 ~3 次，其情期受胎率达 86% 以上。对 9 月龄以后经改善饲养管理及药物等措施处理，仍未出现发情症状及连续 3 个发情周期配种不孕的后备母猪及时予以淘汰。

#### 7）种猪的淘汰

种猪在猪群增殖中起着重要作用，公猪个体间生产性能差异很大，受胎率相差 20% ~22%，早熟性相差 17% ~25%，产品的一致性相差 2 倍。因此，种猪的淘汰与更新是提高养猪生产水平不可忽视的重要因素。

母猪淘汰依据为：产仔少，仔猪不均匀，死胎多；泌乳力差，乳头形状不好且发育不良，瞎乳头；2 ~3 个情期配不上种；采食缓慢，行动迟钝，皮肤无光泽，眼睛无神；母性不好，有恶癖，仔猪哺育率低，年龄偏大，生产性能下降等。

公猪应以利用年限为准，但体躯笨重、精液质量差、配种成绩不理想、性情凶暴的，应及时淘汰。

#### 8）杂交模式

生产商品猪要充分利用杂交优势，以提高肥育效果。可采用三元杂交等方式进行择优选配，或者采用配套系间进行杂交，生产商品杂优猪，不得乱交乱配，要建立起良种杂交繁育体系。

#### 9) 引种与档案的建立

对引进的瘦肉型纯种猪要进行选育,根据生产情况,制订出选种和配种繁育计划,对现有种猪群品种做好提纯复壮的选育工作。小规模猪场为了减少制种费用,可直接引进二元杂种母本和终端父本公猪,生产三元杂交商品猪。所有种猪都要编号登记,定期鉴定种猪的体质外貌、繁殖性状、后代生长发育和育肥性能等,建立种猪系谱档案和配种繁殖卡等资料,由专人保管。商品生产场应有计划地到国家定点的原种场引进种猪,以更新血统。

## 3.2.3 种猪繁殖技术

繁殖是整个养猪生产的重要环节,掌握发情鉴定技术、采精配种技术、妊娠诊断技术和分娩接产技术,能最大限度地提高种猪的繁殖力,是标准化、规模化养猪生产的重要任务,也是养猪企业成功的关键。

#### 1) 发情鉴定技术

##### (1) 初情期

初情期是指青年母猪初次发情和排卵的时期,是性成熟的初级阶段,也是具有繁殖能力的开始,此时生殖器官同身体一起仍在继续生长发育,其最大特点是母猪的下丘脑-垂体-性腺轴的正负反馈机制基本建立,通过正负反馈作用,雌激素与黄体酮协同作用,使母猪表现出发情行为。有的母猪特别是引入的外国品种第一次发情易出现安静发情,只排卵而没有发情症状。

青年母猪的初情期受品种、气候和营养等因素的影响,母猪的初情期一般为5—8月龄,平均7月龄,我国地方猪种(如太湖猪)可早到3月龄。母猪在初情期时已具备了繁殖力,但此时母猪的下丘脑-垂体-性腺轴的正负反馈机制建立还不稳定,身体尚处在发育和生长的阶段,体重一般为成年体重的60%~70%,此时不应配种,以免影响以后的繁殖性能,易造成产仔数少、初生体重小、存活率低、母猪负担过重等不良现象。

##### (2) 适配年龄

后备母猪什么时候配种是养猪生产中较重要的环节,配种是母猪繁殖的开始,配种过早影响母猪终身的繁殖力,还会影响其本身生长发育,降低成年体重;配种过晚将会错过情期,增加育成期的费用,造成经济损失,还会因体内及生殖器官周围蓄积脂肪过多,身体肥胖,造成内分泌失调等一系列障碍。在保证不影响母猪身体正常发育条件下,并获得后备猪初配最好的繁殖成绩,必须选择好初次配种的时间即适配年龄。后备猪的初配年龄受品种、气候、饲养管理条件等因素的影响,最佳配种时间一般在初情后的1~2个情期配种为宜,或首次发情后的第3次发情配种为好,即初情期后的1.5~2个月,但要求配种人员和饲养人员进行细致观察和做好记录。在正常管理条件下,本地品种一般在6—8月龄、体重50~60 kg时初配,培育品种和引入品种在8—10月龄、体重90~100 kg开始配种。若因饲养管理条件差,即使达到初配年龄,体重仍未达到配种要求的,应以体重为标准适当推迟配种时期。

##### (3) 发情周期与症状

母猪是多周期性发情家畜,可终年发情配种,母猪达到性成熟后,卵巢中规律性地进行着卵泡成熟和排卵过程,并又周期性地重演。母猪从上次发情(排卵)开始到下次发情(排卵)开始的间隔时间称为发情周期,它是母猪发情未配种时表现的特有性周期活动。母猪正常发情周期的范围为 18~23 d,平均为 21 d,发情持续期为 2~3 d,经产母猪发情周期较长,平均为 22.2 d,初产母猪稍短,平均为 20.4 d。品种之间有差异,如我国小香猪发情周期平均为 19 d。

母猪的发情从行为表现和外阴变化两方面进行观察,其症状因品种不同表现不完全相同,国内地方猪种发情时有鸣叫、翻圈、食欲减退或停止采食等外部表现,而引进猪种、培育品种和含有外血的杂种,其以上发情表征不明显。母猪的共同发情症状主要表现在阴户的红肿变化和排出黏液。发情开始时阴户红肿颜色由浅变深,发情至旺盛期时外阴流出白色浓稠呈丝状黏液,母猪性欲变旺,喜欢爬跨其他母猪,或接受其他母猪爬跨;用手按压背腰部站立不动,举耳立尾,表现出交配姿势,即"呆立反射",此时进入发情盛期,可及时配种。个别母猪特别是培育和引入猪种,一般只表现阴户红肿和静立反射,其他症状不明显,此时可用公猪试情,通过观察是否安静接受公猪爬跨来鉴别母猪是否发情。

因此,在生产实际中早晚进行一次发情观察,要细心观察,结合公猪试情等手段判别发情,以便做到适时配种,减少漏配,提高母猪的繁殖力。

(4)产后发情

经产母猪一般断奶后 3~7 d 发情,此时要注意乳房和外阴变化,乳房由原来较饱满变皱褶,乳头由光滑转为暗淡苍白,外阴微红肿,阴道内分泌液清淡,发情高峰期分泌液浓稠。

(5)发情控制

发情控制是采用某些激素、药物或饲养管理等措施,人为地干预母猪发情排卵过程,以提高母猪繁殖力的一种应用技术,已成为动物繁殖管理的重要技术手段,包括同期发情、诱导发情和超数排卵等技术。

**2)采精配种技术**

(1)排卵与适时配种

母猪排卵一般在促黄体生成素(LH)峰出现后 40~42 h,由于母猪是多胎动物,在一个情期中多次排卵,排卵最多时是在母猪接受公猪交配后 30~36 h,从外阴唇红肿算起,在发情 38~40 h 之后。母猪的排卵数有一定变化幅度,一般外种猪的排卵数最少为 8 个,最多为 21 个,平均为 14 个。不同年龄之间有差异,经产母猪平均为 16.8 个,初产及二胎平均为 12.7 个。我国地方猪种初产母猪的排卵数平均为 15.52 个,经产为 22.62 个,最多的是二花脸猪平均初产为 20 个,经产为 28 个。

受精是精子和卵子在输卵管内结合成受精卵以后,受精卵在子宫内着床发育的过程。因此配种必须在最佳时间,使精子和卵子结合,才能达到最佳的受胎效果。在养猪生产中,配种人员需掌握猪的特性,适时对发情母猪配种,其最佳时间受到精子在母猪生殖器官内的受精能力和卵子的受精力两个方面的影响。自然交配后 0.5 h,内部分精子可到达输卵管内,交配数小时后大部分精子存在于子宫体和子宫角内,经 15.6 h 大部分精子可在输卵管及子宫角的前端出现。精子在母猪生殖器官内最长存活时间是 42 h,实际上精子保持受精能力的时间一般在交配后的 25~30 h。卵子保持受精能力的时间很短,一般为几小时,最长时间可达 15.5 h。

适宜配种时间是在配种后,精子刚达到输卵管时母猪即排卵为最佳。但生产中这一时间较难掌握。配种时按压母猪背部,若开始出现静立反射,则在 12 h 以后及时配种(图 3.8)。若母猪发情症状明显,轻轻按压母猪背部即出现静立反射,则已到发情盛期,须立即配种。配种次数应在两次以上,第 1 次配种后 8 ~ 12 h 再配种一次,以确保较好的受胎率。配种方式有单配、复配和双重配,规模化猪场最好采用双重配,可提高母猪的繁殖成绩。据试验表明,母猪在开始接受公猪爬跨后 25 h 以内配种,受胎率良好,特别是在 10 ~ 25.3 h 可达到 100%,以后时间里配种成绩较差。

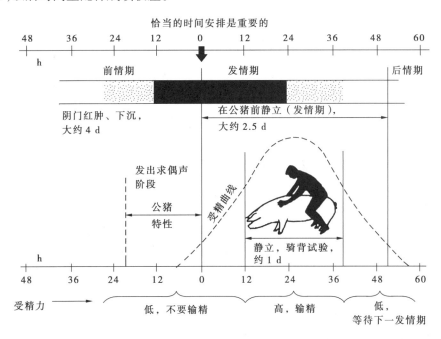

图 3.8　母猪适时配种示意图

(2)人工授精技术

人工授精不仅能减少公猪饲养量和疾病传播,更重要的是在提高品质和改良品种方面作用重大。

①公猪调教:对初次采用假母猪采精的公猪必须进行调教,瘦肉型后备公猪一般 4—5 月龄开始性发育,而 7—8 月龄进入性成熟,准备留着采精用的公猪 7—8 月龄可开始调教,有配种经验的公猪也可进行采精调教。英国一项研究表明,10 月龄以下的公猪调教成功率为 92%,而 10—18 月龄的成年公猪调教成功率仅为 70%,故调教时间不能太晚。

调教方法有:第一种是在假母猪台后驱涂抹发情母猪的阴道黏液或尿液,也可用公猪的精液、包皮部分泌物或尿液、唾液,引起公猪性欲而爬跨假母猪。第二种是在假母猪旁边放一头发情母猪,引起公猪性欲而爬跨后,不让交配而把公猪拉下来,爬上去,拉下来,反复多次,待公猪性欲冲动至高峰时,迅速牵走或用木板隔开母猪,引诱公猪直接爬跨假母猪采精。第三种是将待调教的公猪拴系在假母猪附近,让其目睹另一头已调教好的公猪爬跨假母猪,然后诱使其爬跨。总之,调教要耐心、反复训练,切不可操之过急,调教人员的一举一动或声音久而久之都会成为公猪行动的指令,忌强迫、抽打、恐吓。每天可调教 1 次,但每次调教时间最好不超过 15 ~ 20 min,一周最好不要少于 3 次,直至爬跨成功,成功后一周内每隔 1 天采精 1 次,加强记忆,以后可每周采 1 次,到 12 月龄后每周采 2 次,一般不超过 3 次。

②采精前的准备：采精一般在采精室进行，采精室应平坦、开阔、干净、少噪声、光线充足。采精人员固定，以免产生不良刺激而导致采精失败，尽可能使公猪建立良好的条件反射。设立假母猪供公猪爬跨采精，假母猪可用钢材、木材制作，高 0.6～0.7 m、长 0.6～0.7 m，假母猪台上可包一张加工过的猪皮。

准备好集精杯(袋)以及镜检稀释所需的各种物品，集精杯清洗消毒后，置于 38 ℃的恒温箱中备用；准备好采精时清洁公猪包皮内污物的纸巾或消毒清洁的干纱布；配制好所需量的稀释液，置于水浴锅中预热至 35 ℃备用；调节好质检用的显微镜，开启显微镜载物台上恒温板以及预热精子密度测定仪；准备好精液分装器、精液瓶或袋；剪去公猪包皮的长毛，将周围脏物冲洗干净并擦干水渍。

采精人员的指甲必须剪短磨光，充分洗涤消毒，用消毒毛巾擦干，然后用75%的酒精消毒，待酒精挥发后即可进行操作。

③采精方法：一般有假阴道采精法和徒手采精法，目前徒手采精法是国内外养猪界广泛应用的一种方法。具体做法是采精员一手戴双层手套，另一手持集精杯，蹲在假公猪左侧，等公猪爬跨后用0.1%的高锰酸钾溶液清洗其腹部和包皮，再用温水清洗干净，避免药物残留对精子的伤害。

采精员挤出公猪包皮积尿，按摩公猪包皮，刺激其爬跨假母猪台，待伸出阴茎时脱去外层手套，导入空拳掌心内，让其旋转片刻，用手指由松至紧握紧阴茎龟头防止其旋转，待阴茎充分勃起时顺其向前冲力将阴茎的"S"状弯曲拉直，手指有弹性、有节奏地调节压力，公猪即可射精。待公猪射精时，另一只手用四层纱布过滤收集浓份或全份精液于集精杯，最初射出的 5 mL 精液不接取，公猪第一次射精完成，按原姿势稍等不动，即可进行第 2 次或第 3、第 4次射精，直到公猪射精完毕为止。值得注意的是，采精杯上套的四层过滤纱布使用前不能用水洗，若用水洗则要烘干，因水洗后使用会影响精液的浓度。

采集的精液应迅速放入 30 ℃的保温瓶中，由于猪精子对低温十分敏感，特别是新鲜精液在短时间内剧烈降温至 10 ℃以下，精子将产生不可逆的损伤，这种损伤称为冷休克。因此冬季采精时要注意精液的保温，以免精子受到冷休克的打击而不利于保存。集精杯应该经过严格消毒、干燥，最好为棕色，以减少光线直接照射精液而使精子受损。由于总精子数不受爬跨时间、次数的影响，因此没有必要在采精前让公猪反复爬跨母猪或假母猪来提高其性兴奋程度。

④精液品质检查：精液品质检查取样要具有代表性，评定结果力求准确，操作过程中不应使精液品质受到危害。对精液品质标准要进行综合全面的分析，以确定精子是否可以用于保存或输精。

精液品质评定包括数量、气味、颜色、精子形态、密度、活力 6 项指标。公猪一次射精量：后备公猪一般为 150～200 mL，成年公猪为 200～300 mL，平均为 250 mL，范围为 150～500 mL，多者可达 500 mL 以上；正常精液有腥味，如有异味不可用于输精，应废弃；正常精液为乳白色或灰白色，如有异物、毛、血等说明已被污染，不能用于输精和保存；若发现精液气味、颜色和体积有异常，应查明原因。只有都符合正常要求的精液，才能做进一步的检查和处理。

正常精子在显微镜下的形状如蝌蚪，形态异常的活力不高，双头、双尾、无尾等畸形精子数超过20%应废弃，精液中大量出现精子畸形表明精子的生成过程受到破坏，副性腺及尿道分泌物有病理变化,或精液射出到检查过程中没有遵守技术操作规程以及精子遭到外界的不良影响。精子密度测定最常用的方法是白细胞计数器,但现有自动化程度很高的专业仪器,将分光光度计、计算机处理机、数字显示或打印机匹配,只将 1 滴精液加入分光光度计中,即可得到精子密度和精子总数。精子密度分为密、中、稀、无四级,在显微镜视野中精子空隙小于 1 个精子则为密级,1~2 精子则为中级,2~3 精子则为稀级,无精子则应废弃,正常精液精子密度平均每毫升精液中的精子数为 2.5 亿(1 亿~3 亿),从镜检看精子密度高的精液呈云雾状。精子活力评定是在显微镜下靠目力估测,一般采用 10 级评分法,在载玻片温度保持在 35~38 ℃ 的条件下,直线前进运动精子占 100% 者评为 1 分,占 90% 者评为 0.9 分,占 80% 者评为 0.8 分,以此类推。正常情况下,用于输精的精子活力应不低于 0.7 分,活力低于 0.5 分应废弃。

⑤稀释精液:稀释精液的目的是增加精液量,扩大母猪配种头数,延长精子存活时间,便于保存和长途运输,以充分发挥优良种公猪的配种效能。精液稀释首先要配制稀释液,然后用稀释液进行稀释,稀释液必须对精子无害,与精液渗透压相等,pH 是中性或微碱性。

精液稀释液包括一种或多种保护剂,尽管目前的配方多种多样,但其主要成分有营养剂(目的是减少精子自身能量消耗,延长精子寿命,一般为糖类,如葡萄糖、果糖)、稀释剂(扩大精液容量,与精液具有相同的渗透压,一般采用等渗的氯化钠、葡萄糖、果糖、蔗糖以及某些盐类溶液)、保护剂(降低精液中的电解质浓度,起缓冲作用,一般用于缓冲的物质有柠檬酸钠、磷酸二氢钠、磷酸二氢钾等)、抗生素(阻止细菌生长,常用的抗生素有青霉素、链霉素、庆大霉素、林可霉素、氨苯磺胺等)。稀释剂有专业公司出售的和自制的两种,根据实际情况可自由选择。最好采用在市场上已推广应用的。

精液稀释倍数根据原精液的品质、需配母猪头数以及是否需要运输和贮存情况而定。精液按比例稀释,一般要求稀释后每毫升稀释精液含 1 亿个精子,如果密度没有测定,稀释倍数一般以 2~4 倍为宜。精液稀释应在精液采出时尽快进行,新鲜精液不经稀释不利于精子存活,特别是温度较低时精子容易受到低温刺激,甚至出现温度性休克,精液采出后维持在 30 ℃ 左右,精液和稀释液的温度必须调整到一致,置于同一温度中(30 ℃),待温度相同后即可进行稀释。方法是将一定量的稀释液沿杯壁缓慢倒入精液杯中,轻轻摇匀,若稀释倍数大,应先进行低倍稀释,防止精子所处的环境突然改变,造成稀释打击。

精液稀释后则进行分装,有袋装和瓶装两种,一般采用无毒害作用的塑料制品,每袋或瓶为 80 mL 并贴上标签,注明公猪号、采精处理时间、稀释后密度和经办人等,做好记录以备查验。

⑥保存与运输:精液保存是以抑制精子的代谢活动,延长精子的存活时间而不丧失授精能力为目的。精液保存分为常温(15~25 ℃)、低温(0~5 ℃)、冷冻(-196~-79 ℃)保存 3 种,冷冻保存精液受胎率偏低,且需具备成套设备,投资较大,不能在生产上广泛应用,而低温保存不如常温保存效果好,因此猪的精液常温保存在生产上具有较大的实用价值。

精液稀释分装后即进行保存,以 16 ℃ 左右最佳,保存时间较长,但不能立即放入 16 ℃ 左右的恒温冰箱内,应先留在冰箱外 1 h 左右,让其温度下降,以免因温度下降过快而刺激精子,造成死精子增多。放冰箱时不同品种的公猪精液应分开平放,避免拿错精液,从放入冰箱开始,每隔 12 h 摇匀一次精液,防止大部分精子沉淀,一般猪场可上班和下班时各摇匀一次,为了便于监督管理,每次摇动时记录摇动时间与人员。保存过程中一定要注意冰箱内温度的变化,以免因意想不到的原因造成电压不稳而导致温度升高或降低。

精液的运输过程是一个关键环节,保温和防暑条件做得好的,运输到几千千米以外,精子活力仍强,使用效果很好,母猪受胎率和产仔数也很高,而做得不好的在同一猪场内不同时间、地点使用,死精子也很高,使用效果很差。夏天在双层泡沫保温箱中先放入冰块(16 ℃恒温),再放入精液进行运输,防止因天气过热而导致死精过多。严寒的季节用保温用的恒温乳胶或棉花等在保温箱内保温。精液运输时应注意如下事项:第一,运输精液时应附有详细的说明书,标明站名、公猪的品种和编号、采精日期、精液剂量、稀释倍数、精子活力和密度等;第二,运输过程中应防止剧烈震荡和温度变化过大;第三,低温保存的精液应加冰维持低温运输,常温保存的精液应维持较固定的温度。

⑦输精:输精是人工授精技术的最后一环,输精效果的好坏关系到母猪情期受胎率和产仔数的高低,而输精管插入母猪生殖道部位的正确与否则是输精的关键。

a.输精前的准备:一是输精器材的准备,输精管的种类很多,有一次性的输精管和多次性的输精管。一次性的输精管用后即抛弃,使用方便但成本高,大型集约化猪场一般常用此种。其分为螺旋头型和海绵头型,长度为0.50～0.51 m。螺旋头型一般由无副反应的橡胶制成,适于后备母猪的输精;海绵头型一般由质地柔软的海绵制成,通过特制胶与输精管粘在一起,适合于生产母猪的输精。使用海绵头输精管时,要注意海绵球是否粘得牢固,否则会脱落到母猪子宫内;还要注意海绵头内输精管的深度,一般以0.5 cm为好。输精管在海绵头内包含太多,输精时因海绵体太硬而损伤母猪阴道和子宫壁;输精管在海绵头内包含太少时,因海绵体太软而不易插入或难于输精。多次性的输精管一般为一种特制的胶管,因成本低、可重复使用而深受欢迎,但因头部无膨大部或螺旋部分,输精时易倒流,并且每次使用后应彻底洗涤冲洗和置于高温干燥箱内消毒或蒸煮消毒,使用前最好用精液洗一次,若保管不好还会变形。二是输精人员的准备,输精员的指甲必须剪短磨光,充分洗涤消毒,用消毒毛巾擦干,然后用75%的酒精消毒,待酒精挥发后即可进行操作。三是精液的准备,输精前应对保存后的稀释精液进行检查,精子活力不低于0.5级的精液方能进行输精,死精率超过20%的精液不能使用。四是母猪的准备,经发情鉴定后,将发情母猪阴户用肥皂水充分洗涤,除去污垢并进行消毒,然后用温开水冲洗,用消毒抹布擦干,防止将细菌等带入阴道。

b.输精方法:人工授精成功的关键取决于母猪适时输精时间、输精使用灭菌器材设备和良好的输精技术。人工授精的输精过程基本上是模拟自然交配方式,先将输精导管涂以少许稀释液使其润滑,用手将母猪阴唇分开,将输精管先倾斜向上方,然后水平方向前进,缓慢逆时针旋转插入母猪阴道中,直至插入子宫颈内不能前进为止,被子宫颈嵌牢,然后向外拉松动一点,通过挤压缓慢将精液注入子宫内,一般3～5 min,输完后缓慢抽出输精管,并将手掌按压母猪腰荐结合部,防止精液倒流。间隔12 h后再输精1次。用输精瓶输精时,当插入输精管后,用剪刀将精液瓶盖的顶端剪去,插到输精管尾部即可输精;用精液袋输精时,只需将输精管插入精液袋入口即可。实践证明,输精时按摩母猪阴户或大腿内侧更能增加母猪的性欲,输精人员倒骑在母猪背上并进行按摩效果也很显著。

c.输精剂量:每头母猪每次输精剂量为50～100 mL,有效精子数20亿～30亿个,可以保证良好的受胎率。另外随着精子存放时间的延长,每次输精剂量中精子的数目应相应增加。

（3）人工授精实验室常用设备

建立一个一般人工授精实验室需要的基本设备和用具见表 3.12。

表 3.12  人工授精实验室需要常用的设备和用具

| 项　　目 | 品名、规格、数量 | 备　注 |
|---|---|---|
| 设备 | 假母猪台:长×宽×高=120 cm×25 cm×50 cm,1 个<br>显微镜:100~600 倍,1 台<br>显微镜保温箱:木制或有机玻璃,1 个<br>消毒箱/锅:1 个<br>恒温水槽:1 个<br>天平/电子秤:1 台<br>冰箱:1 台<br>恒温干燥器:1 台<br>精液保温箱:1 个<br>子宫清洗器:1 个<br>猪保定器:1 个<br>输精安抚鞍:1 个<br>pH 试纸/pH 仪:若干/1 台<br>蒸馏水玻瓶:2 个 | |
| 用品 | 猪精液稀释液复合粉:若干<br>多次性输精管:5 支<br>一次性输精管:猪用,若干<br>输精瓶/注射器:猪用,若干/5 只<br>量杯:猪用/500、1 000 mL,各 2 只<br>量筒:250、500、1 000 mL,各 2 支<br>烧杯:250、500、1 000 mL,各 5 只<br>纱布:500、1 000 mL,若干<br>橡皮手套:医用,若干<br>盖玻片:医用,1 盒<br>载玻片:1 盒<br>润滑液:1 瓶<br>玻棒:数支 | |

### 3）妊娠诊断技术

诊断母猪是否妊娠是种猪繁殖管理中的一项重要内容,开展早期妊娠诊断对缩短产仔间隔、增加母猪年产窝数有着重要意义。通过早期妊娠诊断可以加强妊娠母猪饲养,确保母猪健康和胎儿正常生长发育。对未妊娠母猪查明原因,及时改进措施,查情补配,提高母猪的受胎率。妊娠诊断方法有肉眼观察法、直肠检查法、激素测定法和超声波测定法等多种。生产中常用传统的肉眼观察法和超声波测定法。

（1）肉眼观察法

正常情况下，母猪配种后，经过一个发情周期未表现发情，初步判断母猪妊娠，如再过一个情期仍不发情，可基本确认为妊娠。其外部表现为疲倦贪睡不想动，性情温顺动作稳，食欲增加上膘快，皮毛发亮紧贴身，尾巴下垂很自然，阴户缩成一条线。母猪配种后不发情并不绝对肯定已妊娠，因有些母猪发情周期有延迟现象，或受精后营养太差、胚胎早期死亡等原因造成长期不发情，故肉眼观察法有一定的差错。

（2）超声波测定法

利用超声波感应效果测定动物胎儿心跳，从而进行早期妊娠诊断。配种后 20～29 d 的诊断准确率为 80%，40 d 后的诊断准确率为 100%。超声波胎儿心跳测定仪由主机和探触器组成，测定时将探触器贴在猪腹部（右侧倒数第二个乳头）体表发射超声波，根据胎儿心跳感应信号或脐带多普勒信号音来判断母猪是否妊娠。测定方法参见仪器说明书。

（3）黄体酮测定法

母猪妊娠后尿中孕激素含量增加，黄体酮与硫酸接触会出现豆绿色荧光化合物，此反应随妊娠期延长而增强。其操作方法是将母猪尿液 15 mL 放入大试管中，加入浓硫酸 5 mL，加温至 100 ℃，保持 10 min，冷却至室温，加入 18 mL 苯，加塞后振荡，分离出有激素的层，加 10 mL 浓硫酸，再加塞后振荡，并加热至 80 ℃，保持 25 min，借日光灯或紫外线灯观察，若在硫酸层出现荧光，则是阳性反应，母猪配种后 26～30 d，每 100 mL 尿液中含有黄体酮 5 μg 时，即为阳性反应。这种方法准确率达 95%，对母猪无任何危害作用。

（4）激素诱导法

母猪在配种后的 17 d 左右，按照体重大小使用乙烯雌酚（或己烯雌酚），3～5 mg/头，3～4 d 后阴户红肿，表现出发情征兆的即为尚未配怀的母猪，需要重新进入配种舍进行配种。

**4）分娩接产技术**

母体经过一定时期的妊娠，胎儿发育成熟，母体将胎儿、胎盘及胎水排出体外这一生理变化过程称分娩。分娩接产是养猪生产中最繁忙的生产环节，是解决猪源的关键。

（1）预产期的推算

母猪妊娠期为 111～117 d，平均为 114 d。母猪配种后应推算预产期有利于做好分娩准备和及时接产。预产期推算可采用"三三三"推算法，即配种日期加 3 个月 3 周 3 日；也可利用算式推出法，即加 4 减 6 法，配种日期月份加 4，日期减 6。

（2）分娩前的准备

母体经过一定时期的妊娠，胎儿发育成熟，母体将胎儿、胎盘及胎水排出体外，这一生理变化过程称为分娩。为保证母猪顺利分娩和仔猪安全需做好产前准备，随时准备接产与助产。

①产房准备：准备的重点是保温和消毒。首先对保温设备进行检修，准备仔猪保温箱和保温灯或保温板等电热设备。一般产前 10～15 d 进行全场大清扫、大消毒。对环境、圈舍、过道、墙壁、地面、围栏、饲槽、饮水器具等先用高压枪冲洗，再用 2%～3% 的火碱水喷洒消毒，24 h 后再用高压水枪冲洗。墙壁最好用 20% 的石灰乳粉刷，地面若潮湿可撒些生石灰。加强通风，以保持产房干燥，产房温度以 20～23 ℃ 为宜。

②物品准备:准备好毛巾、抹布、水桶、水盆、消毒药品、5%的碘酊、催产药物、凡士林油(难产时用)、剪刀、缝合针线等,最好预备些25%的葡萄糖液,以备抢救仔猪用。

③母猪准备:妊娠母猪产前1周转入产房,做好母猪产前饲养管理,分娩前3~4 d减少精料饲喂量的10%~20%,母猪体况差不减料,产仔当天少喂或不喂料,一般在产前10 d左右开始做好母猪产前饲料的过渡,防止饲料骤变引起母猪产后消化不良和仔猪下痢。临产前清洗母猪阴户和乳房等部位,然后用2%的高锰酸钾等溶液消毒。母猪分娩多在夜间,应有专人守护,以减少因无人照管而造成的损失。

(3)接产与助产

①临产征兆:母猪产前行动不安,起卧不定,食欲减退,叼草做窝,乳房膨胀,具有光泽,挤出奶水,频频排尿。出现这些征兆,一定要有人看管,做好接产准备工作。产前表现与产仔时间见表3.13。

表3.13　产前表现与产仔时间

| 产前表现 | 距产仔时间 |
| --- | --- |
| 乳房肿大(俗称"下奶缸") | 15 d左右 |
| 阴户红肿,尾根两侧开始下陷(俗称"松胯") | 3~5 d |
| 挤出乳汁(乳汁透明) | 1~2 d(从前面乳头开始) |
| 叼草做窝(俗称"闹栏") | 8~12 h(初产猪、本地猪种和冷天开始早) |
| 乳汁为乳白色 | 6 h左右 |
| 每分钟呼吸90次左右 | 4 h左右(产前1 d每分钟呼吸约54次) |
| 躺下,四肢伸直,阵缩间隔时间逐渐缩短 | 10~90 min |
| 阴户流出分泌物 | 1~20 min |

②接产技术:安静的环境对正常的分娩是很重要的。一般母猪分娩多在夜间,整个接产过程要求保持安静,接产动作要求稳、准、轻、快。待母猪尾根上举时,则仔猪即将产出,此时应用消毒过的手先将产出部分轻轻固定,然后再顺着产轴方向轻轻将仔猪拉出。产出后尽快清除仔猪口鼻周围及口腔内的黏液,以防其误咽或窒息,用毛巾擦干仔猪周身,以防仔猪着凉。接着是断脐,先将脐带内血液向仔猪腹部方向挤压,然后在距离腹部3~5 cm处用手指掐断脐带,这样断端口不整齐有利于止血。一般情况不用消毒剪刀剪断脐带,也不主张结扎,最后在断端涂上5%的碘酊消毒,并随手将排出的胎衣和脐带拣出。

若是种猪场,仔猪须进行编号,便于记载和鉴定。标记的方法较多,目前常用剪耳法,即用耳号钳在猪耳朵上打缺口,每剪一个耳缺,代表一个数字,把几个数字相加即得其耳号数。一般公猪单号,母猪双号。比较通用的剪耳方法为:左大右小,上一下三;左耳尖缺口为200,右耳尖缺口为100;左耳小圆洞为800,右耳小圆洞为400。每头猪实际耳号就是所有缺口代表数字之和。还须进行仔猪称重(初生重或初生窝重)并登记分娩卡片等资料。

上述处理完毕,应尽快将仔猪送到母猪乳房边让其尽早吃上初乳,对不会吃初乳的仔猪给予人工辅助,使其尽快获得热源基质和免疫力。与此同时应训练仔猪进出仔猪保温箱,开通电热装置,使其温度达到30 ℃左右。

③假死仔猪的急救:胎儿产出时间过长、产道狭窄、胎位不正、脐带早断等会导致产出的仔猪窒息,呼吸停止但心脏在跳动,须及时抢救。急救办法以人工呼吸最为简单,操作时将仔猪四肢朝上,一手托着肩部,然后一屈一伸反复进行,直到仔猪发出叫声为止;也可采用在鼻部涂酒精等刺激物或针刺的方法来急救;还可将仔猪后腿提起,轻拍背部,一有叫声,呼吸就转为正常,使仔猪得救。如果脐带有波动,假死的仔猪一般都可以抢救过来。

④人工助产:猪分娩时通常每经5~10 min产出1头仔猪,一般正常分娩过程持续2~4 h。胎衣排净平均需4~5 h。如分娩过程超出正常分娩时间,则为慢产。破水后30 min产不出则为难产,应及时救助。救助方法是:待母猪趴卧后,可随着母猪阵痛节奏,用手沿腹侧由前下方向后上方进行推拿助产,也可肌内注射人工合成催产素(按说明根据母体体重决定用量),催产有一定效果,若注射催产素无效,可采用手术掏出。如遇仔猪臀位倒生或只产出一条肢体等异常情况时,可用还原整复助产的方法,使之呈正胎向,正胎位后再轻轻顺产轴方向拉出。施行手术前应剪磨指甲,用肥皂、来苏尔洗净双手,消毒手臂,涂润滑剂,同时将母猪后躯、肛门和阴门用0.1%的高锰酸钾溶液洗净,然后助产人员五指并拢,呈圆锥状,沿着母猪努责间歇时慢慢伸入产道,伸入时手心朝上,摸到仔猪后随母猪努责慢慢将仔猪拉出,在助产过程中,切勿损伤产道和子宫,手术后母猪应注射抗生素或其他抗炎症药物。

待分娩完全结束后,应及时清理产圈,将胎衣、脐带和被污染了的杂物撤走,严防母猪吃胎衣养成吃仔猪的恶癖。用温水将母猪外阴、后躯、腹下及乳头擦洗干净,最后把仔猪放到母猪身边吃奶。

## 3.2.4  猪的饲养管理技术规程

规模化猪场养猪应采用分群分段流水式全进全出的生产工艺。根据全年生产出栏计划总头数,实行分批配种分娩,根据不同生长阶段各类猪群饲养标准不同进行分批饲养,做到全进全出。加强对配种公母猪饲养管理使其具有良好的种用体况,膘情要达到中上营养水平,不肥不瘦,大大提高种猪的繁殖力。仔猪是发展生产的基础,此阶段的培育是增殖养殖数量、提高猪群质量、降低生产成本的关键时期,依据其生理特点,减少仔猪死亡,增加体重是养好仔猪的关键。饲养生长育肥猪是养猪生产最后一个重要环节,为种猪生产和仔猪培育的成果提供检验依据,为市场提供高质量的商品育肥猪,它是养猪生产的最终目的。规模化猪场中生长肥育猪头数占50%~60%,其消耗的饲料占各类猪总消耗量的75%左右,其生产性能和饲料转化率的高低直接影响猪场的经济效益,为此在实际生产中应该用最少的投入,产出数量多质量优的猪肉。

采用规模化饲养管理技术,万头猪场一般的生产指标见表3.14(猪种为外来引进品种),生产上按所列的生产指标对工作情况进行评定,以下各类猪的饲养管理技术规程按年出栏1万头商品猪场为例。

表 3.14　万头猪场的生产指标

| 主要生产管理技术指标 | 商品猪数指标 |
| --- | --- |
| 生产公猪 24 头,生产母猪 600 头: | |
| 　　每周分娩母猪 24 头,每胎产仔 10 头 | 240 头 |
| 　　每周断奶仔猪 24 窝,成活率 90% | 216 头 |
| 　　每周保育仔猪 24 窝,成活率 95% | 205 头 |
| 　　每周生长猪,成活率 98% | 201 头 |
| 　　每周肥育肉猪,成活率 99% | 199 头 |
| 　　每月出栏商品肉猪 | 862 头 |
| 　　每年出栏商品肉猪 | 10 344 头 |
| 　　平均每头母猪提供商品肉猪 | 15 ~ 58 头 |

生长肥育猪各生理阶段的日增重和每阶段末体重指标见表 3.15。

表 3.15　商品肉猪的增重指标

| 饲养期 | 体重/kg | 平均日增重/g | 饲养周数/周 |
| --- | --- | --- | --- |
| 初生 | 1.3 | 160 ~ 180 | 4 |
| 哺乳期 | 5 ~ 6 | 350 ~ 470 | 5 ~ 6 |
| 保育期 | 20 ~ 25 | 550 ~ 630 | 6 ~ 7 |
| 生长期 | 55 ~ 60 | 720 ~ 800 | 6 ~ 7 |
| 肥育期 | 95 ~ 110 | 550 ~ 650 | 25 |
| 合　计 | | | |

**1)种公猪饲养管理技术规程**

(1)营养需要特点

种公猪的任务是生产精液和配种,精液的主要成分是蛋白质,因此其日粮应富含蛋白质、维生素和矿物质,能量适当,每千克配合饲料应含蛋白质 15%,消化能 3.0 ~ 3.1 Mcal,赖氨酸 0.4%,钙 0.66%,磷 0.53%,多维素每千克饲料 150 g。其日粮配合要全价,营养充足,饲料原料多样化,不能有发霉变质和有毒有害的饲料原料,通常用玉米、小麦、麦麸、豆饼、油饼、黄豆、蚕蛹、鱼粉等优质饲料配合而成,饲料中添加矿物质钙、磷、食盐和多种维生素,尤其维生素 A、维生素 E,可提高精子活力和增加射精量。

(2)饲养技术要点

种公猪饲喂要定时、定量,一般日喂 2 ~ 3 次,每天供给充足饮水。日喂配合饲料量视体重、体况和配种能力适当掌握,一般体重 90 ~ 150 kg 饲喂 2 ~ 2.5 kg,体重 150 kg 以上饲喂 3 ~ 3.5 kg,在配种任务重和繁忙季节,可增加饲喂量 20% 和日喂 1 ~ 2 个鸡蛋、鸭蛋或 0.25 kg 蚕蛹、鱼粉,保持公猪旺盛的配种能力。种公猪每天可喂 1 kg 优质青绿饲料,但应避免喂过稀的液体饲料和过多的粗饲料,以免造成公猪垂腹,影响配种效果。

(3)管理技术规程

建立种猪档案,对种公猪的来源、品种(系)、父母耳号和选择指数、个体生长情况、精液检查结果、繁殖性能测验结果(包括授精成绩、后裔测验成绩)等应有相应卡片记录在案,如使用了计算机管理,应及时将相关资料输入存档。

种公猪单栏饲养,圈栏面积7.5~9 ㎡,圈栏应加高(1.3 m),25~30头种公猪由1人负责饲养管理,1人专职配种。饲养的公猪要求健壮,每次采精量在200~300 mL甚至以上,畸形精子率在10%以下,并能保证与配母猪一次情期受胎率达85%以上,且平均窝产仔数应达到该品种(品系)公猪的平均水平。按标准结合体况合理投料,供给充足卫生的饮水,合理使用种公猪,定期检查精液品质、称重、预防免疫和驱虫,保证具有良好的品质。每天坚持给种公猪刷拭和经常运动,使其保持清洁,减少寄生虫病和皮肤病,促进血液循环,增强体质,保持性欲旺盛。注意防暑降温和防寒保暖,保持圈舍清洁干燥和阳光充足,以确保种公猪体况和种用性能。

种公猪日常管理规律化,即做到5个固定:固定饲喂、运动、采精等工作时间;固定工作程序;固定工作场所;固定实行定量饲喂,以免营养不足或过剩;固定专人管理。日常工作程序如下:种公猪的饲喂和健康状况、精神状况、采食、粪便、活动等的观察检查;对病猪进行必要的治疗;清扫喂料通道和公猪配种栏;供水;圈栏维修及空栏清洁消毒;公猪运动和对其梳刮;转运猪只;对观察检查的结果做好记录记载,填写日报表。

种公猪一般使用3年,年淘汰更新率30%~40%,更新公猪来自后备公猪群经性能测定为优异者或来自专业育种场的优异者。因病、因伤不能使用者,连续两次以上检查精液品质低劣者,性情暴烈易伤人、伤猪者,繁殖力低下者应予淘汰。

**2)配种母猪的饲养管理技术规程**

规模化猪场生产工艺流水线上待配母猪112头,由1人负责饲养管理即可。

要求所饲养母猪尽快恢复体况,断奶1周内发情配种,一次情期受胎率85%以上。

(1)营养需求特点

配种母猪在体况较好的情况下,可按维持的营养需要给予;对于体况较瘦和产仔多、泌乳量高的,在哺乳后期体况较差的母猪,在配种前宜采取"短期优饲",即提高饲粮的能量水平(至少比维持量高50%~100%)。经产母猪的"短期优饲",从配种前11~14 d开始加料最有效;后备母猪宜在配种前7~10 d开始加料。

根据母猪配种准备期的营养需要,配种母猪的日粮中应供给一定量的青绿饲料,因青绿饲料富含蛋白质、维生素、无机盐,对母猪的发情和排卵具有良好的促进作用。同时注意蛋白质的供应,不但考虑其数量,还要考虑其质量,一般要求在每千克日粮中含蛋白质12%以上。母猪对无机盐要求较高,尤其对钙的供应不足极为敏感,但很少缺磷。一般在日粮中应供应钙15 g、磷10 g和食盐15 g。母猪对维生素缺乏较为敏感,尤其维生素A、维生素D、维生素E不能缺乏。

(2)饲养技术要点

配种母猪保持七八成膘,保证正常发情、排卵和配种,提高受胎率和产仔数。可采用限制饲喂,防止配种母猪采食过多,控制体况过肥,或适量增加日粮中的粗纤维含量防止过肥。但如果母猪过瘦会影响发情,减少排卵,卵子活力弱,产仔数下降,要增加饲喂量,短期优饲对体况较差的母猪效果较明显,它可明显刺激内分泌,促进生殖系统活动,增加排卵数2~3枚。

进入配种期的青年母猪,若体况较肥,应减少配合饲料的喂量,每天 1.0～1.5 kg,多喂优质青饲料,以促进母猪发情和增加母猪排卵数,提高产仔数。体况偏肥的断奶母猪,断奶时适当减少饲料喂量,以降低乳房炎的发生。对哺乳期掉膘严重、断奶后体况较瘦的母猪,断奶后每天应保持 3.0 kg 的配合饲料,另补充优质青饲料,有利于母猪发情和增加排卵数,配种后待体况恢复时,每天保持 2.0～2.5 kg 配合饲料。后备母猪 80 kg 以上,进行适当饲养,保持适度膘情,严禁过胖或过瘦,基本日喂料量 2～2.5 kg,但在配种前 1～2 周可实行短期优饲,一般在原饲喂量的基础上提高 20%～25% 较合适。

(3)管理技术规程

配种母猪的饲喂根据母猪体况而定,一般每天饲喂 2 次,时间定为上午 8 点,下午 5 点,日喂全价料量 2 kg。对体况差和后备母猪采用短期优饲,促进发情排卵、恢复母猪体况和为以后的胚胎发育储备营养,即在配种前 2 周开始,提高日粮的营养水平,适当增加饲喂量。对过肥的母猪应适当减料,采用一定程度的限饲,这样可使母猪体况适中,既不因过肥影响排卵数和胚胎成活率,也不因过瘦造成哺乳期严重掉膘以至拖长断奶至配种再孕的时间间隔。后备母猪应定期称重调整日粮营养水平。

加强断奶期减料管理。在仔猪断奶前几天,母猪还能分泌相当多的乳汁(特别是早期断奶的母猪),为了防止断奶后母猪患乳房炎,在断奶前后各 3 d 要减少配合饲料饲喂量,给一些青粗饲料充饥,促使母猪尽快干乳。断奶母猪干乳后,由于负担减轻食欲旺盛,多供给营养丰富的饲料和保证充分休息,可使母猪迅速恢复体力。此时日粮的营养水平和给量要与妊娠后期(日喂 3～3.5 kg)相同,如能增喂动物性饲料和优质青绿饲料更好,可促进配种母猪发情排卵,为提高受胎率和产仔数奠定物质基础。

饲养人员应与专职配种员一起认真观察母猪发情表现,做到一个情期适时 2 次以上配种,配种前 2 min 注射 20 国际单位剂量的催产素,可提高受胎率 5%～10%,窝产仔数增加 1.5～2.0 头;配种时尽量增加对母猪后腹乳房和阴门的刺激,或用公猪进行接触刺激以提高配种成功率,确保配种过程稳定,时间尽可能长,及时做好记录。经 21～28 d 观察确认配上后的母猪,按照单元数,经体表消毒后转入妊娠舍,填好转群日报表。对已配种的母猪,在配种后 21 d 内是胚胎附植于子宫角的关键时期,内分泌系统处于调整状态,如发生应激影响着床,会增加胚胎死亡率,大量饲喂高能量高蛋白饲料也会增加肾上腺激素的分泌,导致胚胎死亡率上升,因此要保持配种舍环境安静,不受任何形式的干扰刺激,同时限制饲喂量至 1.8 kg 以下。另外,要注意检查母猪是否重发情,可使用超声波妊娠诊断仪进行检查。

配种期母猪应适当运动,采用自动饮水器保证每天随时供给清洁饮水,注意配种前半个小时一般不供料和水,配种后最好供给温开水。定期进行配种母猪舍清洁消毒,调整舍内温度,特别注意防暑、通风,使舍内始终保持比较干燥和清洁。经常注意母猪采食、排便情况以及四肢是否有疾患,如发现母猪患有皮肤病,应在配种前及时用 1%～2% 的敌百虫溶液喷洒猪身进行治疗,配种后不可用药,否则可能造成胚胎早期死亡。

母猪因年老、严重受伤、因病不能作种用或连续 2～3 胎繁殖力低下,或有严重恶癖者应予淘汰,正常情况下每年淘汰率为 25%～30%;更新的小母猪应来自后备母猪群的优秀个体或者来自专业育种场的优异者。

配种工作结束后,应及时做好配种情况登记,建立配种母猪档案。一般应有相应的母猪卡片,以记录母猪耳号、品种、出生日期、双亲耳号、选择指数、与配公猪、发情时间、配种时间和配种受胎情况等。

配种母猪舍的日常工作程序为定期饲喂舍内母猪,做好清洁卫生,调节舍内空气环境。对空出的栏圈进行彻底清洁消毒;每周全舍消毒1次,每月舍内外大消毒1次。将后备母猪赶到配种栏内,进行免疫和驱虫(此两项工作不能同一天进行),同时放进公猪,以利发情配种。将断奶母猪从分娩舍赶到配种舍,注意观察母猪的发情情况。根据事先拟订的配种计划组织配种,填好母猪卡片。用超声波妊娠诊断仪进行怀孕检查,将检出为阴性的未孕猪集中在一起重新配种;若无超声波妊娠诊断仪,应在配种后观察21 d以上以确定是否妊娠。将已配上28 d的母猪赶到妊娠舍。收集和分析最近几周的配种工作记录,以便采取相应措施,制订下一批配种计划。

### 3)妊娠母猪的饲养管理技术规程

规模化猪场生产工艺流水线上的妊娠母猪300头左右,安排1~2人负责饲养管理。

要求母猪有适当的增重,尽量减少死胎和流产,保证仔猪初生重达到该品种的平均水平,保证仔猪生后个体大小比较整齐。

(1)营养需要特点

妊娠期营养需要主要用来维持母猪的基础代谢和胚胎生长发育需要,根据饲养标准供给,妊娠母猪前期胚胎发育所需营养极少,后期胎儿生长发育迅速,营养需要增加,应采用前高后低的饲养方式,即在妊娠前期在一定限度内降低营养水平,到后期再适当提高营养水平。整个妊娠期内经产母猪增重保持30~35 kg为宜,初产母猪增重保持35~45 kg为宜(均包括子宫内容物)。母猪妊娠初期采食能量水平过高,会导致胚胎死亡率增高。过多饲喂不仅饲料浪费,而且增加母猪负担,长期多喂造成母猪体重过大使维持需要增加而成本加大,同时妊娠期过渡饲喂和长膘,造成哺乳期厌食或采食量下降,导致母猪失重或泌乳力降低,影响母猪以后的繁殖力和仔猪发育。

(2)饲养技术要点

保持母猪适当膘情,不肥不瘦,通常日喂1.8~2.2 kg中等偏低营养水平饲料,妊娠后期的最后3周须进行短期优饲,以高水平饲料增加饲喂量至2.5~3.2 kg。注意掌握日粮体积,要考虑日粮营养水平、不压迫胎儿和使母猪不感到饥饿。供给妊娠母猪的饲料要注意质量,切忌喂腐败、变质、发霉、带有毒性和强烈刺激性的饲料,以免引起流产;饲喂时间、次数要有规律性,不能随意改变,饲料更换要逐渐过渡,以免造成应激。

(3)管理技术规程

妊娠母猪的管理主要围绕保胎进行。妊娠母猪舍一定要保持环境安静,严禁鞭打、追赶母猪,防止拥挤和惊吓,尽量让母猪休息好;条件允许应让母猪有适当的运动,临产前停止运动;妊娠母猪对高温很敏感,夏季做好防暑措施,使舍内温度尽量不超过24 ℃;在产前40 d和15 d对母猪接种大肠杆菌疫苗(一般在产前3~4周可以接种多种疫苗,以保证以后仔猪通过吸食母乳获得母源被动免疫)。

日常工作程序为定时定量饲喂母猪,供给清洁卫生饮水;做好粪污的清扫工作,对刚空出的圈舍进行清洁消毒;调节舍内空气环境,防止高温应激;用盐酸左旋咪唑进行肌内注射,为产前4周的母猪驱虫;产前1个月,注射猪丹毒和猪肺疫疫苗;将临产前1周的母猪冲洗消毒后转入产仔舍等候分娩(冬天用热水冲洗);填写母猪妊娠记录表,登记转入和转出的母猪以反映存栏和周转情况。

#### 4)哺乳母猪的饲养管理技术规程

规模化猪场产仔哺乳舍生产工艺流水线上保持有约 150 窝母猪和仔猪,由 2~3 人负责饲养管理。

生产指标为母猪哺乳期结束后失重不超过其体重的 20%。饲养管理目标:一是保证母猪能够分泌充足的乳汁,使产下的仔猪成活率高,个体健壮;二是维持母猪一定膘情,以保证母猪断奶后能正常发情排卵和配种受孕。

(1)营养需要特点

母猪在泌乳期间负担重,除维持本身活动需要营养物质外,每天要产 5~8 kg 乳汁,母猪能量代谢旺盛,对营养物质的需求量大,其需要量按照饲养标准根据哺育仔猪数、泌乳量和母猪体重大小合理确定(猪场全部母猪平均产仔 10 头,在此基础上每多 1 头仔猪给母猪加喂饲料 0.5 kg)。

(2)饲养技术要点

经产泌乳母猪日喂 3~5 kg 饲料,具体饲喂时根据青饲料的多少与质量好坏,以及营养需要适当增减,初产母猪自身需生长,在哺育期应保持较高的营养水平,日喂量 5 kg;补充青绿饲料 10 kg 可替代 1 kg 精料,但青料不能喂得过多,并要保证卫生;饲料要质量好,不能随便更换,发霉变质的饲料不能饲喂;保证供给充足饮水;体况好的母猪分娩前 3~5 d 开始减料(精料和多汁饲料)10%~30%,防止母猪发生乳房炎和因产后泌乳量过多引起仔猪消化不良,产后母猪虚弱以流食为主,喂一定量的麦麸和加有电解质的清洁温开水,防止母猪便秘,第 2~3 d 喂饲料定量 60%~70%,以后逐渐加料,至第 7 d 时喂足定量;哺乳母猪日喂次数调整到 3 次有利保持其食欲;饲料中加入油脂可适当减少饲料喂量。

(3)管理技术规程

对产前母猪乳头进行消毒,哺乳母猪乳头保持清洁卫生;在保证仔猪温度前提下适当调低舍内温度至 20 ℃左右,保证母猪的采食量正常;以保温为主但要注意通风换气,排出有毒有害气体、尘埃、水汽和微生物,防止贼风和穿堂风,气流控制在 0.1 m/s 以下,风速均匀平缓;保证舍内环境安静、清洁干燥,严禁惊吓、吆喝和鞭打;每天观察母猪乳房、采食、粪便、精神状况和体况,发现异常做好记录,并采取相应措施;填好日报表、母猪卡片,记录记载母猪品种、耳号、胎次、产仔日期、产仔数以及母猪分娩情况、哺育泌乳与健康状况、转入转出数等。

母猪产后缺奶,查找原因,对症处理。瘦弱无奶水,应增加配合饲料和优质青饲料,供给充足饮水,再补充一些豆浆、小米粥、小鱼虾等催奶饲料;母猪肥胖无奶水,除应适当加强运动,多喂青绿饲料外,可视体况喂少许中草药催乳;母猪因病无奶水,应请兽医治疗。

#### 5)哺乳仔猪饲养管理技术规范

哺乳仔猪培育目标是哺乳仔猪成活率达 90% 以上,哺乳期结束(28 d 断奶)时个体平均体重在 6 kg 以上,并且整齐度较好。

哺乳仔猪阶段是猪一生中生命力最弱的时期,新生期间仔猪由母体腹内水生到陆生、恒温到变温、被动吸收到主动吸收、从无菌环境到有菌环境,应激较大,稍有不慎损失很大。养育好哺乳仔猪的目的是为减少仔猪死亡获得理想断奶窝重,促进后阶段生长发育,培育优质高产种猪和优质肉猪打下较好的基础。根据仔猪生长发育快、代谢旺盛,消化器官不发达,消化机能不完善,缺乏先天免疫力,抗病能力较弱,体温调节机能差,易因寒冷而冻死等生理特点,进行科学合理的饲养,精心细致的培育,才能获得较高的成活率和断奶量。

(1)培育技术要点

①固定奶头,早吃初乳:母猪产后 3~5 d 内分泌的乳汁称为初乳,初乳中营养物质含量高,含有较多的抗体和仔猪可利用的热源基质,可帮助仔猪抵抗各种疾病和促进生长。仔猪出生后 2 h 内吃上初乳,有利于仔猪恢复体温,从母乳中获得免疫抗体,增强疾病的抵抗能力。

仔猪出生后几小时就能凭借发达的嗅觉分辨出自己吃过的乳头,有固定奶头吃乳的习性,固定乳头多于产后 2~3 d 内完成,有利于提高断奶仔猪的整齐度和断奶窝重。在母猪有效乳头没有那么多、仔猪抢奶现象严重而又发育不均时,可采取人工固定奶头,一般根据仔猪初生质量人工辅助固定奶头。固定奶头的方法是将弱小仔猪固定在母猪腹部前面乳量充足的几对乳头吃乳,以弥补先天不足,将质量大的仔猪固定在腹部后面乳量相对较少的几对乳头,这样可以使整窝仔猪生长发育均匀。如母猪乳头数多于哺乳仔猪数,可训练仔猪吃两个乳头的奶,避免空出的奶头变成瞎奶头。生产中看护人员要注意"把奶",即是帮助弱小仔猪在母猪放奶时间里吃上奶。

②保温防压:寒冷是仔猪成活的大敌,尤其是出生后的第 1 周,仔猪体温调节能力差,能源利用和体温调节都很有限,初生皮下脂肪层薄,被毛稀疏,保温能力差,相当怕冷,体内的糖原和脂肪储备一般在 24 h 之内就会消耗殆尽。在低温环境中仔猪依靠提高代谢效率和增加战栗来维持体温,这更加快了糖原储备的消耗,最终导致体温降低,出现低血糖症,因此仔猪的保温具有关键性意义。仔猪初生后 24 h 内需要保证躺卧区温度达到 34~35 ℃,2~3 d 内温度在 30~32 ℃,3~7 d 内温度在 28~30 ℃,以后逐渐下降到 20 日龄的 24 ℃直到断奶,否则仔猪下痢会增多,感冒、肺炎以及间接导致压死、饿死等数量也会增加。最好准备专用可调节温度的仔猪箱,可在保温箱吊 250 W 或 175 W 的红外线灯离地面 40 cm,或在保温箱铺垫电热板,都能满足仔猪对温度的需要。

建立昼夜值班制度,加强仔猪的看护管理防止仔猪被母猪压死。因母猪卧压而造成仔猪死亡的现象是非感染性死亡中最常见的,大约占初生仔猪死亡数的 20%,绝大多数发生在仔猪生后 4 d 内,特别是在第一天最易发生,在老式未加任何限制的产栏内会更加严重。规模化猪场采用高床分娩栏,配置保温设备的保温箱,加强仔猪看护,可有效防止仔猪被压伤或压死,明显减少仔猪的死亡数量。

③寄养或并窝:在生产中通常存在个别母猪产后无奶或死亡的情况,也有产仔数超过了母猪有效乳头数的情况,应将这些仔猪移给其他母猪代为哺乳,生产中称为"寄养",又称"过哺"。另外也有两头母猪产仔数目都不多,可将两窝仔猪并作一窝,由一头泌乳性能较好的母猪哺育,另一头母猪相当于早断奶,可使其再发情和再配种,称为"并窝"。寄养或并窝能提高仔猪的成活率和母猪的利用率,有利于提高养猪经济效益。

寄养或并窝时应注意以下 5 点:一是两窝仔猪的产期相近,最好不超过 2~4 d,体重大小不能相差太大;二是寄养前一定要让仔猪吃到初乳;三是选择泌乳力高、性情温和的母猪做继母;四是寄养一般是在夜间将被寄仔猪混入仔猪群,并用气味大的药液撒在仔猪身上,然后将母仔分开一定时间后,放入母猪栏内哺乳;五是寄养时要看两窝仔猪的大小,如从体重较大的窝里往体重较小的窝里寄养时应拿小一些的仔猪,相反应挑大一些的仔猪,力求缩小仔猪之间差距。实践中最好将多余仔猪寄养给迟1~2 d分娩的母猪,尽可能不要寄养给早1~2 d分娩的母猪,因仔猪哺乳已经基本固定奶头了,后放入的仔猪很难有较好的位置,容易造成弱仔或僵猪。仔猪数多于乳头数时,为了让仔猪吃到初乳,可将窝中体重大的仔猪暂时取出4 h,以留出乳头给寄养的仔猪,使其获得足够的初乳,这种做法可持续2~3 d。对于体重较小的个体,以人工补喂初乳或初乳代用品,同时施以人工取暖。

为了使寄养或并窝顺利实施,最好在夜间较为安静时和被寄养仔猪饥饿状态下进行,这样成功率较大,可在被寄养仔猪身上涂抹收养母猪的奶或尿,同时将被寄养仔猪与收养母猪所生的仔猪合养在一个保育箱内一定时间,以干扰母猪嗅觉,使其不能分出它们之间的气味差别。寄养或并窝完毕,加强看护,防止母猪辨认出过入仔猪而发生咬仔现象。如发现母猪咬仔,看护人员可用木棍拦挡,拿走过入仔猪,然后重复上述做法,直到过哺成功。

④补铁、铜和硒:铁是造血原料,仔猪缺铁时血红蛋白不能正常生成,从而导致营养性贫血症。初生仔猪体内储备的铁很少,只有30~50 mg,仔猪正常生长每天每头需铁7~8 mg,而每天从母乳中得到的铁不足1 mg。如不补铁,其体内贮备的铁将在1周内耗尽,仔猪就会患贫血症。患病仔猪表现出精神萎靡不振,食欲减退,被毛蓬乱,无光泽,皮肤和可视黏膜苍白,下痢,生长停滞。病猪逐渐消瘦,衰弱甚至导致死亡,因此必须补铁。生后3~5 d内给仔猪注射铁剂,如右旋糖酐铁剂、培亚铁针剂、血多素等,肌内注射150~200 mg/头,2周龄时再注射1次,以后在开食料中添加。

补铜和硒可促进生长。在仔猪生后3~5 d肌内注射0.1%的亚硒酸钠生理盐水0.5 mL,2周龄时再注射1 mL(无机硒的毒性大,必须控制好药液浓度和使用量)。

⑤诱食:母猪的泌乳量一般在第3周开始下降,仔猪生长发育迅速增长,母乳不能满足仔猪营养需要,如不及时补料,会影响仔猪的生长发育。仔猪一般在5—7日龄时开始诱食较适宜,这时仔猪可单独活动,并有啃咬硬物拱掘地面的习惯,利用这一行为有助于补料。生产中常采用自由采食方式,将香甜易消化的颗粒料或专门配制的全价诱食料投放在补饲槽里,让仔猪自由采食。为了让仔猪尽快吃料,开始几天将仔猪赶入补料槽边,上下午各1次,效果更好。饲喂方法上要利用仔猪抢食的习性和爱吃新料的特点,每次投料要少,每天可多次投料,开始1周仔猪采食很少,投料的目的是训练仔猪习惯采食饲料。

⑥预防腹泻:腹泻是仔猪最常见的现象,是影响仔猪生长发育的重要因素之一,也是导致哺乳仔猪死亡的最常见病症。预防仔猪下痢是养育哺乳仔猪的关键技术之一,由传染性病原体引起的下痢病,如痢疾、副伤寒、传染性胃肠炎,特别是哺乳仔猪的大肠杆菌性痢疾,都有较高的死亡率,尤其表现在抵抗力弱的仔猪上。

预防仔猪腹泻必须在确诊的基础上采取综合措施。如不重视诊断,采取的治疗或预防措施就没多大效果,常规的预防措施主要是:保持圈舍的清洁卫生,定期消毒;执行严格的全进全出制度;做好保温防寒工作,降低产仔舍湿度,减少气候变化的应激;仔猪料熟化处理并加入抗生素、益生素或各种有机酸;有针对性地进行预防免疫接种。

⑦补水:哺乳仔猪生长迅速,代谢旺盛,母猪乳中和仔猪补料中蛋白质含量较高,需较多水分,生产实践中经常看到仔猪喝尿液和脏水,这是仔猪缺水的表现,应及时给仔猪补喂清洁的饮水,不仅可满足仔猪生长发育对水分的需要,还可以防止仔猪因喝脏水而导致下痢,因此,在仔猪3~5月龄给仔猪开食的同时,一定要注意补水,最好是在仔猪补料栏内安装仔

猪专用的自动饮水器或设置适宜的水槽。

（2）产仔哺乳舍日常工作

①做好分娩接产工作。对临产前后母猪的护理和分娩中的人工助产是做好产仔舍一切工作的基础。

②产仔舍中最重要的工作就是哺乳仔猪的培育，护理仔猪作为首要任务，仔猪生后及时喂初乳，特别是弱小仔猪，帮助固定奶头，调节好仔猪躺卧区温度，需切实抓好防止母猪压死仔猪等工作。

③对已满3日龄的仔猪注射铁剂和补硒；已满7日龄的仔猪开始诱食。做好清洁卫生，清除粪污，清扫残余的旧饲料。

④根据食欲、体况等不同情况投放饲料，每天两次或更多，并记录吃料不正常的母猪。

⑤检查猪群，看是否需要做紧急处理，并做好每头病猪的治疗记录。如检查母猪乳房、阴道等是否正常，未分娩的是否有分娩症状，分娩了的是否有无乳症状，对食欲较差或厌食的母猪则应作全面的检查；对仔猪要检查有无腹泻、跛行、生长发育不良以及活动不正常等。

⑥观察猪只对环境的反应，保证通风换气设备运转正常，保持适宜温度，空气新鲜，避免贼风。

⑦护理好断奶1周内的仔猪。饲喂上以少食多餐为原则，每天投放4~6次，供给清洁饮水（最好能供给温开水），并注意防止仔猪过食；环境上要保证圈舍干燥，并在刚断奶后的2~3 d内将仔猪的躺卧区温度提高到30 ℃，以后逐渐降低到24 ℃。

⑧哺乳25 d以后母猪喂料减少至1.8 kg以下（防止母猪断奶后患乳房炎），28 d断奶后将母猪赶出产仔舍，经体表消毒后交给配种舍。断奶1周后的仔猪转群到保育舍，然后对空栏进行清洁消毒。

⑨清粪时应从健康的猪栏开始，最后清理患病猪栏，以免疾病传到健康猪群。

⑩按要求填写分娩头数、产活仔数、初生重、断奶性状、死亡、胎次以及猪群变动报告单，为整理与汇总季节和年度的生产情况提供基础资料，切不可漏报错报，更不可弄虚作假。

（3）其他工作

每周清点一次哺乳仔猪存栏数，发现数目不对时应及时查找；随时检查药品器械是否准备充足，同时做好设施设备的检修工作；填好仔猪登记簿，内容主要有仔猪号、品种、初生重、采食情况、健康情况、寄进寄出情况、断奶重等（结合分娩母猪卡片及时记录整理）。

**6）保育仔猪饲养管理技术规范**

保育仔猪一般1窝1栏，保育舍在养单元5个，每个单元24栏，可由1~2人负责饲养管理。

断奶对仔猪是一个很大的应激，维持哺乳期内的生活环境和饲料条件，做好饲料、环境和管理制度的过渡是养好保育仔猪的关键。保育仔猪阶段的生产指标：仔猪成活率应达到95%以上，保育期结束（70日龄）时所有仔猪生长整齐，平均单个体重在20 kg以上。

（1）保育仔猪饲养管理技术

①断奶技术：断奶是仔猪生活中营养方式和环境条件变化的转折，如处理不当，仔猪生长发育会受到严重影响，因此，选好适宜的断奶时间，掌握好断奶方法，做好断奶仔猪饲养管理十分重要。目前，规模化猪场多于21~28日龄断奶，农户养猪一般35~42日龄断奶。一

次性断奶在生产中常见,简单易行,但断奶突然,对母猪和仔猪均不利,因此应注意对母猪和仔猪的护理,断奶前3 d要减少母猪喂料,以减少乳汁的分泌。

②饲养技术:根据保育仔猪的消化生理特点和营养需要,保育仔猪饲粮应容易消化吸收,营养平衡,适口性好。夏季气候较热,湿度大,仔猪食欲下降,应注意增加饲粮中的各营养物质浓度保证保育仔猪正常生长发育。仔猪断奶后要继续喂哺乳仔猪料,不要突然更换饲料,一般在断奶后7 d左右开始逐渐换料,也可在断奶前7 d换料,每天替换20%,5 d换完。最好采用全价的颗粒饲料,其次为生湿料或干粉料,少喂勤添,日喂次数4~6次,保证有足够的采食空间,每头仔猪的饲槽位置宽度为15 cm,自动食槽饲喂时,2~4头仔猪可共用一个采食位置。为减少断奶应激引起消化不良的腹泻,断奶1周可实行限食饲喂,特别是最初3~4 d,限量程度只给其日粮的60%~70%。进入保育舍3~5 d后,由于进入旺食期,可能会开始出现抢食现象,应增加饲喂量和饲喂次数,但也应注意防止暴食出现消化不良。

为了保证饮水的充足和卫生,保育仔猪最好使用自动饮水器饮水,既卫生又方便。每10~12头仔猪安装1个饮水器,其高度为30~35 cm。采用水槽饮水时,要注意水槽里常备清洁卫生爽口的饮水,如饮水不足会影响健康和采食,降低生长速度。仔猪转群到保育舍时,最好供给温开水,并加入葡萄糖、钾盐、钠盐等电解质或维生素、抗生素等药物,对仔猪抗应激能力非常有效。

③管理要点:断奶时把母猪从产栏调出,仔猪在原圈饲养约1周,不要在断奶时把几窝仔猪混群饲养,避免受断奶、咬架和环境变化引起多重刺激。仔猪断奶后最好采用1窝仔猪1栏的饲养制度,使仔猪进入保育舍后受到的应激达到最小。保育栏的面积通常是240 cm × 165 cm,每头仔猪适宜的占栏面积为0.3~0.4 m²,按窝转群,每栏养1窝仔猪10~12头,可减少相互咬斗产生应激。

仔猪转群到保育舍后,舍内温度在2~3 d内升高到28~30 ℃,3 d后调节至26 ℃,以后按每周2 ℃降幅逐渐降低到10周龄的21 ℃,有利减轻转群的应激。栏内应有温暖的睡床,以防小猪躺卧时腹部受凉。同时要注意防止贼风,舍内风速低于0.25 m/s,加强调教,养成定点排便、睡觉和采食的习惯,保持舍内干燥、清洁,相对湿度应在50%~75%,温暖和空气清新。保育舍猪栏原则上不提倡作过多冲洗,粪便按从小龄猪猪栏到大龄猪猪栏、从健康猪猪栏到病猪猪栏的顺序直接干清扫,每个饲养单元清洁工具不能混用。

做好保育仔猪的免疫工作,各种疫苗的免疫注射是保育舍最重要的工作之一,注射过程中一定要先固定好仔猪,注射部位准确,不同疫苗同时注射时应分左右两边注射,不可打飞针。每栏仔猪挂免疫卡,记录转群日期和注射疫苗情况,免疫卡随猪群的移动而移动,不同日龄的猪群间不能随意调换,以防引起免疫工作混乱。

防止传染病的发生,保育舍是个非常敏感的环节,随时留心猪群状态,及时发现病猪相对重要。如发现个别猪只离群、精神呆滞、体温升高等要及时做出相应的处理,严重时应向上报告,突然死亡的猪只应进行解剖诊断。

(2)保育舍的日常工作

①观察猪群状况:每天对猪群进行全面的巡查,注意观察每头猪只,登记不正常的猪只,移走死亡和需要隔离特殊照顾的仔猪。对采食、排便和精神状况异常的猪只,不可掉以轻心,应立即查明原因。

②清扫猪栏和检查设备设施情况:打扫猪栏清洁卫生,清运过剩的饲料。检查圈栏、饮水器、保温和通风等设备设施等是否工作运行正常,温度、湿度和通风是否符合要求等。

③投放饲料:投料原则以基本吃光为原则,尽量使饲槽内饲料保持新鲜,在保育期结束前1周开始,适当增加生长肥育期料的比例,为转入生长肥育舍做好准备。

④空栏清洁消毒:先用高压水龙头彻底对猪栏和各种设备冲洗去污,然后用强消毒剂(漂白粉、烧碱溶液、福尔马林等)喷洒消毒,空栏1周等待接纳下一批猪。

⑤腹泻仔猪处理:保育仔猪易出现仔猪腹泻,保持饲料、饲喂和圈舍卫生,减少药物投放是培育保育仔猪的关键,如发现病猪应全栏一起治疗,对腹泻严重的仔猪,除用抗生素外,还应补充电解质溶液。

⑥预防注射:40日龄左右注射链球菌、猪丹毒、猪肺疫三联苗,保育期结束前1周注射1次猪瘟单苗。注射时要按规定的方法稀释、摇匀,保证用具干净,消毒严格,每个猪栏使用1个针头,并将要求的剂量注射到正确的部位。

⑦驱虫:8周龄时进行体内驱虫,选用广谱、高效、低毒安全的驱虫药物,采用合理的驱虫方法。首选伊维菌素或阿维菌素及其制剂,口服和注射均可,对猪体内外寄生虫有较好的驱虫效果。转群到生长育肥舍前一周用1%~2%的敌百虫溶液喷洒,杀灭体外寄生虫(喷洒时注意药和水混匀,防止猪只中毒)。

⑧填写卡片:主要记录保育仔猪的增重情况、转入转出的平均活重、成活率、饲料消耗、疾病和死亡原因等。

### 7)生长肥育猪饲养管理技术规范

规模化猪场生长育肥猪一般原窝原圈,1窝1栏,生产工艺流水线上生长肥育舍15个单元,约200个栏在养猪只,因工作相对较单纯,可由1~2人负责饲养管理即可。

生长肥育舍的主要责任是合理饲喂,调节猪舍环境,保证猪只最大限度地发挥生长速度和饲料转化率等方面的遗传潜力,且生长均匀整齐,并将猪的死亡率减少到最低限度。具体要求:在生长育肥阶段的平均日增重、饲料转化率和瘦肉率应达到该品种平均水平,猪的成活率在98%以上,出栏猪个体差异较小。

(1)饲养技术

①合理搭配日粮:参照生长肥育猪的营养需要标准,根据生产实际、不同肥育阶段的预期生产水平和消化生理特点,重视饲料的选择,科学合理搭配饲料,保证饲料的适口性、营养性、多样性和经济性。日粮尽量利用优质青绿饲料。

②科学饲喂:生长肥育猪可采取自由采食的方式,以提高增重速度。若为了获得较好的胴体瘦肉率,可在肥育后期体重为80 kg左右时,控制日粮喂量(85%~90%)2~3周,减少皮下脂肪沉积。饲料生饲,精料湿拌为好,青料切碎。日喂2次,少喂勤添,先精后青,在排泄区一端高0.4 m左右安装自动饮水器,保证供给充足的饮水。

(2)生产管理技术

①合理分群,加强调教:猪从保育舍转入生长肥育舍按来源、品种、强弱、体重大小等合理分群,以窝分群为好,一般夜间进行,减少争斗避免影响生长。转入生长肥育舍后及时调教,尽快养成采食、排泄、躺卧三角定位的习惯,一般在采食区投放饲料,排泄区撒上健康猪的粪尿,躺卧区放保温垫料等,在猪上圈后勤邀勤赶,经2~3 d训练后即可形成良好的习

惯,可为以后的饲养管理和防疫工作带来很大的方便。

②保持合理的饲养密度:一般每圈饲养 10～20 头,头平占圈面积 0.8～1.0 m²。为保证生产的连续性,减少组群应激,一般原窝原圈。

③做好防疫和驱虫:预防为主,治疗为辅,按事先拟定的免疫程序,对猪瘟、猪丹毒、猪肺疫等主要传染病进行预防接种,自繁仔猪按要求注射了规定疫苗,肥育阶段可不再注射疫苗,若为外地购买的仔猪应再次注射猪瘟、猪丹毒、猪肺疫三联苗。在猪体重为 55 kg 左右进行体内驱虫,青饲料喂得多的猪场,可在生长期多驱虫 1 次。

④一般管理:每天清扫 2 次圈舍,保持圈舍清洁干燥卫生。炎热季节打开门窗,保持良好通风,空气清新,用水降温;冬季堵塞缝隙,关闭门窗,防止冷空气和贼风对猪的影响,猪舍通风以纵向自然通风辅以机械通风为宜,猪舍内气流以 0.1～0.2 m/s 为宜,最大不超过 0.25 m/s,生长肥育期猪的适宜环境温度为 16～23 ℃,猪舍内相对湿度以 50%～70% 为宜。猪舍内尽量保持安静,生产区内严禁机动车通行和大噪声机械操作。为减少猪舍内有毒有害气体积聚和尘埃的数量,应改善猪舍通风换气条件,及时处理粪尿,保持适宜的圈养密度,同时保持猪舍一定湿度,建立有效喷雾消毒制度。

⑤搞好消毒和防虫害工作:猪只转出以后,将猪栏、圈舍、饲槽等彻底清洗干净并消毒后方可转入猪只。每次出猪后及时将通道、出猪台等设施冲洗干净并消毒。杀灭老鼠、蟑螂、蚊蝇等害虫,虽然很困难,但对防疫工作是绝对必要的。

⑥做好记录:调节猪舍内环境,观察猪只健康状况、精神状况、采食、躺卧、排泄情况时生长肥育舍每天的必修课,发现猪只出现精神不振、颤抖、呕吐、四肢无力等现象应及时查明原因,及时治疗并做好记录。

(3)生长肥育舍日常工作

每天喂料 2 次即可,投放饲料适当,清楚标记料箱和饲料存放点的饲料名称,以便准确投放饲料。取料要检查饲料的结构和颜色,发现问题及时报告。投料前检查每个料槽,清理所有潮湿、发霉的饲料。

观察各种情况,调节舍内环境。猪只采食、精神状况和粪便是否正常,通风、保温、降温、饮水、饲料传输等各种设备设施是否正常运行,各项指标是否符合要求,发现问题及时维护和纠正处理。每天打扫 2 次粪便,及时清除污物、病残猪和死猪,从污道运至处理场或指定地点处理,以保持猪舍清洁卫生。

猪只饲养 170～180 d,体重为 90～120 kg 即可出栏上市,认真做好肥育猪上市出栏工作,及时对空栏清洗消毒。同时作好生长肥育舍转出头数、肥育期平均日增重、饲料消耗、疾病、死亡和出栏头数等记录记载,便于生产统计。

**小常识**

"多点式"隔离饲养技术,即猪场设立种猪繁殖区、断奶仔猪培育区、中猪育成区和办公生活区,各区之间相隔一定的距离,相互独立,人员、设备和用具分开,减少各区之间疾病的传播,最大限度地避免交叉感染。

问 题 探 究

1. 传统养猪与标准化养猪有何区别？
2. 提高养猪生产水平可以从哪些方面入手？

 **思考作业**

1. 衡量养猪生产水平的主要指标有哪些？
2. 不同阶段生猪饲养管理目标及技术管理要点是什么？

# 项目4　防疫制度化

**📖 项目导读**

完善防疫设施,健全防疫制度,科学实施安全健康养殖技术,是发展现代养猪生产的重要保证。

【引言】

现代养猪企业由于其饲养规模大、饲养密度高、猪场发生重大疫情的可能性大、疫病种类多,给猪场生产造成很大的压力,为了保证猪场生产的正常有序进行,有效预防和消灭猪场可能存在的疫病,提高养猪场经济效益,促进养猪的可持续发展,制定一个符合本场实际的、严格的防疫制度就显得非常必要了。

规模化猪场防疫应按照《集约化猪场防疫基本要求》GB/T 17823—2009 的要求进行。猪场兽医防疫卫生管理应实行场长负责制,建立投入品(含饲料、药物、疫苗)使用管理制度、卫生防疫等管理制度。有预防鼠害、鸟害及外来疫病侵袭措施等。

# 任务4.1　饲料、药物、疫苗使用管理制度

## 4.1.1　饲料和添加剂使用管理制度

①饲养场的饲料必须来源于国家主管部门批准的饲料厂。批准的饲料厂必须能证明其生产符合国家的相关标准。

②使用的饲料和产品应购于非疫区,无霉烂变质,不准使用变质、霉变、生虫及污染的饲料。

③使用的饲料、饲料添加剂必须具有生产单位的检验和企业抽检的检验合格报告单。

④所使用的饲料添加剂产品必须是农业部公布的《允许使用的饲料添加剂品种目录》中所规定的品种和取得试生产产品批准文号的新饲料添加剂品种,并由取得饲料添加剂生产许可证的企业生产的具有产品批准文号的产品。

⑤药物饲料添加剂的使用应符合农业部发布的《饲料药物饲料添加剂使用规范》和无公

害养殖对药物使用的要求。

⑥饲料中不能加入激素、违禁药,不能饲喂促生长剂。

⑦使用配合饲料时必须向供应商索取每一种原料的说明书,同时保存好饲料添加剂的记录,这些声明和记录至少要保存两年。

⑧根据本场制定的饲料配制要求配制不同的配合饲料及营养水平。但不准使用高铜、高锌,不准在饲料中添加兴奋剂、镇静剂、激素、砷制剂。

⑨饲料添加剂及微量元素应符合农业部《饲料和饲料添加剂管理条例》、国家质量监督检验检疫总局《出口食用动物饲用饲料检验检疫管理办法》等有关规定。

⑩养殖场建立完善的领、用料制度,饲料的发放应按照"先进先出"的原则,并做好出库记录,严禁将过期、变质的饲料发放使用。

⑪饲料的生产、加工及运输过程中应避免交叉污染。

⑫饲料的储存应防霉、防潮,通风良好,并设有防火、防盗、防鼠及防鸟设施。

## 4.1.2　兽药使用管理制度

### 1)用药原则

①用药要有明确的指征:要针对患病动物的具体病情,选用药效可靠、安全、方便、廉价易得的药物制剂,反对滥用药物,尤其不能滥用抗菌药物。

②用药要制订合理的治疗方案:确定给药剂量、选择正确的给药途径、合理的给药时间间隔及制定适宜的药物疗程。

③预期药物的疗效和不良反应:根据疾病的病理生理学过程和药物的药理学作用特点以及它们之间的相互关系,药物的药效是可以预期的。几乎所有的药物不仅有治疗作用,也存在不良反应,临床用药必须重视疾病的复杂性和治疗的复杂性,对治疗过程做好详细的用药计划,认真观察将出现的药效和毒副作用,随时调整用药方案。

④避免使用多种药物或固定剂量的联合用药:在确定诊断以后,兽医师的任务就是选择最有效、安全的药物进行治疗,一般情况下不宜同时使用多种药物(尤其是抗菌药物),多种药物治疗极大地增加了药物相互作用的概率,也给患畜增加了危险。除了具有确实的协调作用的联合用药外,还要慎重使用固定剂量的联合用药,使用固定剂量的联合用药会使兽医师失去根据动物病情调整药物剂量的机会。

⑤正确处理对因与对症治疗:一般用药要考虑对因治疗,但也要重视对症治疗,两者巧妙结合能取得更好的疗效,做到"治病必求其本,急则治其标,缓则治其本"。

### 2)使用规范

①对动物疾病进行预防、治疗、诊断所用兽药必须符合《中华人民共和国兽药典》《中华人民共和国兽药规范》《兽药质量标准》《进口兽药质量标准》和《饲料药物饲料添加剂使用规范》的相关规定。

②所用兽药必须来自具有兽药生产许可证和产品批准文号的生产企业,或者具有进口兽药许可证的供应商,所用兽药的标签应符合《兽药管理条例》的规定。

③药物的使用严格遵循《无公害食品生猪饲养兽药使用准则》规定的药品名录、制剂、用

法与用量、休药期,禁止使用未经批准或已经淘汰的兽药和违禁药品。

④饲料中直接添加兽药用于疫病治疗和防治,要严格遵循兽药使用规范,不得添加国家严禁使用的盐酸克伦特罗等违禁药物。

⑤使用兽药,应当遵守国务院兽医行政管理部门制定的兽药安全使用规定,并建立用药记录,必须载明进货厂家或经销商、数量、批号、有效期等内容。

⑥药品专库存放、符合 GSP 要求,专人管理,并建立出、入库记录。

⑦药品存放按照药品说明注明的保存条件进行。

⑧实行兽医处方用药制度,所有使用的兽药必须由专职兽医处方用药。

⑨禁止使用过期、变质的药品,禁止使用假、劣兽药以及国务院兽医行政管理部门规定禁止使用的药品和其他化合物。

⑩遵守药物的休药期,规定的兽药用于食用动物时,饲养者应当向购买者或者屠宰者提供准确、真实的用药记录。

⑪禁止将人用药品用于动物。

⑫发现可能与兽药使用有关的严重不良反应,应当立即向当地畜牧兽医部门报告。

### 4.1.3　疫苗使用管理制度

①遵守国家关于生物安全方面的规定,不使用无批准文号或过期失效疫苗,不使用实验产品或中试产品。

②应做好疫苗的低温运输和保管,确保安全有效,过期的、不符合保管要求的疫苗坚决不用。

③养殖场对疫苗应专库存放、专人管理,并建立出、入库记录。

④制定并严格执行科学合理的免疫程序,特别是国家规定的等一类传染病的免疫接种。

⑤落实免疫制度,免疫时要做好免疫档案、免疫卡对照,免疫档案保存两年以上,每栋猪舍都应有免疫登记卡,注明免疫日期、疫苗名称、生产厂家、批号、疫苗生产期、有效期、免疫剂量等。

⑥疫苗使用前应仔细检查,发现破损或物理性状改变的严禁使用。使用前,要认真阅读使用说明书,按照规定剂量和使用方法进行。

⑦严格按照动物免疫接种操作规程实施防疫,注射前要做好防疫人员、防疫器械消毒。

⑧注射时坚持注射部位消毒,避免把外面的污物、病原菌接种到动物体内。

⑨疫苗要现配现用,做到剂量足、注射部位准、方法正确,不漏免。

⑩针头规格适宜,在做紧急免疫时,做到一头猪一个针头,否则会加剧疫情扩散。

⑪注射后注意器械消毒,失效、废弃或残余疫苗以及使用过的疫苗瓶一律按规定无害化处理,不乱丢弃疫苗及疫苗包装物。

⑫定期对主要病种进行免疫抗体监测,落实补免措施,确保防疫质量。

# 任务 4.2　卫生防疫管理制度

猪场卫生防疫管理实行场长负责制,防疫员组织实施,饲养员分区负责。场长组织拟订本场兽医防疫卫生计划,规划和各部门的防疫卫生岗位责任制。同时监督场内各部位和职工执行兽医防疫工作的基本要求。

## 4.2.1　人员防疫管理制度

①工作人员须取得健康合格证方可上岗,并要定期进行体检。

② 场内兽医不得随意外出诊治动物疫病,配种人员不得对外开展猪的配种工作。特殊情况需要对外进行技术援助支持的,必须经本场负责人批准,并经严格消毒后才能进出。

③场内饲养人员要坚守岗位,不得随意串舍,要随时观察猪群情况,发现异常及时报告。

④生产区人员进入生产区时,应洗手,穿工作服和胶鞋;或者淋浴后更换衣鞋。工作服应每天清洗和消毒。每栋猪舍出入口放置消毒盆,进出猪舍踏盆消毒。

⑤生产区人员出场前应进行淋雨和更换工作服,外出返回生产区前,应隔离1周。

⑥生产区人员不得接触生猪肉,不准带入可能染疫畜产品或其他物品。

⑦场内兽医人员不准对外诊疗猪及其他动物的疾病,猪场配种人员不准对外开展猪的配种工作。

⑧严格控制外来人员参观猪场,必要时须经场长许可。A. 要做好人员进出记录;B. 更换防护服和鞋靴,个人衣物必须全部放在生产区以外;C. 进入猪场生产区必须洗澡并遵守场内一切防疫制度;D.除养殖场员工外,其他人员禁止进入猪舍;E. 使用后的防护服及鞋靴必须清洗消毒。

## 4.2.2　卫生消毒管理制度

猪场应保持整个环境的清洁卫生,因地制宜地选用高效、低毒、广谱的消毒药品,定期对猪场内及周边的道路、环境及猪舍进行消毒,保持料槽、水槽及用具干净,保持地面清洁。每批猪转舍和调出后,猪舍要严格清扫、冲洗、消毒后空圈5~7 d。

产房要严格消毒,母猪进入产房前要进行体表清洗和消毒,母猪分娩前对外阴部及乳房清洗消毒,仔猪断脐、断尾和剪齿后要严格消毒。

养殖场饲料、兽药、疫苗等物资运输工具进出要消毒,运输工具要使用本场专用运输车辆。运输车辆进出场门,要按照消毒管理规定严格消毒。猪场内消毒池要按照使用消毒药物的最短有效期定期更换消毒液,并保持其消毒浓度。

## 4.2.3　疫病诊断与检测管理制度

有条件的猪场,应建诊断室,便于对传染病和寄生虫病进行监测。猪场应坚持自繁自养的原则。如果需要引进种猪时,应调查产地是否为非疫区,并且申报检疫审批,经检疫合格后方可引入。引入后要隔离饲养至少45 d,在此期间进行观察、检疫,确认健康者方可并群饲养。并群前要根据疫病流行情况进行免疫、驱虫。

对猪场发病或者死亡猪只,兽医技术人员应开展临床和病理诊断,病死猪不准在生产区内解剖,应用不漏水的专用车运到隔离舍或诊断室。必要时采集发病死亡猪只血清、组织样本进行实验室病原学及血清学诊断。同时建立疾病的检查、剖检、诊断、治疗、处理等详细记录,以了解疫病动态。

猪场应定期开展疫病监测工作,掌握猪群病原感染与带毒情况。同时实施猪瘟、伪狂犬等重大疫病净化措施,建立阴性、健康的种猪群。猪只及猪产品出场应由猪场出具疫病监测及免疫证明。

### 4.2.4　生产工具管理制度

猪舍的设备和物品应固定使用,舍内用具不准带到舍外或借给其他猪舍使用,防止交叉污染。猪舍物品进出实行"单向制",凡是猪舍排除物品,均经污物通道运出,不得倒行。猪舍间的转运车辆不准进入猪舍,每次用完后必须清洗消毒。

生产区外的车辆严禁进入生产区,运送饲料和物品的车辆必须固定专车,并只能停放在生产区外,司机不能养猪和进入其他猪场。所有运送待宰猪、淘汰猪、种猪的车辆只能经严格冲洗消毒后停放在装猪台外(包括司机),并避免其直接或间接与装猪台接触,每次装卸完后立即将所有污物,包括生产区内赶猪设施彻底冲洗消毒,并将污水排出场外。猪一旦出场不得返回。

### 4.2.5　废弃物管理制度

猪场内病死猪只、粪便、垫料及污水等废弃物应进行无害化处理。对病死或死因不明猪群,应坚持"五不一处理"原则,即不宰杀、不食用、不销售、不转运、不乱丢,应按照《病害动物和病害动物产品生物安全处理规程》(GB 16548—2006)进行,采取深埋或焚烧的方式。同时对病死或死因不明畜禽污染的饲料、排泄物、废弃物等也应喷洒消毒剂后与尸体一并深埋。深埋无害化处理的场所应远离人口集聚区、畜禽养殖场(户)、水源、泄洪区和交通要道,防止动物疫病传播,并做好标志和无害化处理记录。

在无害化处理过程中要注意个人防护,防止人畜共患病传染给人。无害化处理结束后,必须彻底对其圈舍、用具、道路等进行消毒,防止病原传播。

### 4.2.6　疫情处理制度

猪场发生疫情时,严格实施动物疫情早报告制度,并依照相关法律法规进行处置,尤其是发现重大动物疫病或疑似重大动物疫病或重点控制的人畜共患病,应根据《动物防疫法》及时采取措施隔离、控制转运和消毒等防控措施,并尽快向当地兽医主管部门报告疫情,在当地动物防疫机构的指导下,按规定开展先期处置。

### 4.2.7 免疫、驱虫制度

猪场免疫程序的制订和驱虫计划,应符合本场的猪群实际情况,也应考虑社会,尤其是邻近地区疫病的流行状况。免疫前后应做好免疫监测,确定免疫时机,观察免疫效果。驱虫前后要做好虫卵和虫体监测,以确定驱虫时机,观察驱虫效果。

# 任务4.3 疫病防疫措施

动物疫病的流行是由传染源、传播途径及易感的动物3个基本环节相互联系、相互作用而产生的复杂过程。因此,采取适当的防疫措施来消除或切断造成流行的3个基本环节及其相互关联,就可以阻止疫病发生和传播。在采取防疫措施时,要根据每个传染病在每个流行环节上表现的不同特点,分轻重缓急,找出针对性强的重点措施,以达到较短时间内以最少的人力、物力预防和控制传染病的流行。但是只进行一项单独的防疫措施是不够的,必须采取"养、防、检、治"4个方面的综合措施,综合措施可分为平时的预防措施和发生疫病时的扑灭措施两个方面。

**1)平时的预防措施**

①加强饲养管理,搞好卫生消毒工作,增强家畜机体的抗病能力。贯彻自繁自养的原则,减少疫病传播。

②拟订和执行定期预防接种及补种计划。

③定期杀虫、灭鼠,进行粪便无害化处理。

④认真贯彻执行国境检疫、交通检疫、市场检疫和屠宰检验等各项工作,以及时发现并消灭传染源。

⑤各地(省、市)兽医机构应调查研究当地疫情分布,组织相邻地区对家畜传染病的联防协作,有计划地进行消灭和控制,并防止外来疫病的侵入。

**2)发生疫病时的扑灭措施**

①及时发现、诊断和上报疫情并通知邻近单位做好预防工作。

②迅速隔离病畜,污染的地方进行紧急消毒。若发生危害性大的疫病如口蹄疫、炭疽等应采取封锁等综合性措施。

③以疫苗实行紧急接种,对病畜进行及时和合理的治疗。

④死畜和淘汰病畜的合理处理。

以上预防措施和扑灭措施不是截然分开的,而是互相联系、互相配合和互相补充的。从流行病学的意义上来看,所谓的疫病预防(prevention)就是采取各种措施将疫病排除于一个未受感染的畜群之外。这通常包括采取隔离、检疫等措施不让传染源进入目前尚未发生该病的地区;采取集体免疫、集体药物预防以及改善饲养管理和加强环境保护等措施,保障一定的畜群不受已存在于该地区的疫病传染。所谓疫病的防制(control)就是采取各种措施,减少或消除疫病的病源,以降低已出现于畜群中疫病的发病数和死亡数,并把疾病限制在局部范围内。所谓疫病的消灭(eradication)则意味着一定种类病原体的消灭。要从全球范围消灭一种疫病是很不容易的,至今很少取得成功。但在一定的地区范围内消灭某些疫病,只要认真采用一系列综合性兽医措施,如查明病畜、选择屠宰、畜群淘汰、隔离检疫、畜群集体免疫、集体治疗、环境消毒、控制传播媒介、控制带菌者等,经过长期不懈的努力是完全能够实现的。

### 4.3.1　免疫接种

免疫接种是激发动物机体产生特异性抵抗力,使易感动物转化为不易感动物的一种手段。有组织有计划地进行免疫接种,是预防和控制畜禽传染病的重要措施之一,根据免疫接种进行的时机不同,可分为预防接种和紧急接种两类。

**1)预防接种**

在经常发生某些传染病的地区,或有某些传染病潜在的地区,或受到邻近地区某些传染病经常威胁的地区,为了防患于未然,在平时有计划地给健康畜群进行的免疫接种,称为预防接种。预防接种通常使用疫苗、菌苗、类毒素等生物制剂作抗原激发免疫。用于人工自动免疫的生物制剂可统称为疫苗,包括用细菌、支原体、螺旋体制成的菌苗,用病毒制成的疫苗和用细菌外毒素制成的类毒素。根据所用生物制剂的品种不同,采用皮下、皮内、肌肉注射或皮肤刺种、点眼、滴鼻、喷雾、口服等不同的接种方法。接种后经一定时间(数天至三周),可获得数月至一年以上的免疫力。免疫接种时应注意以下几点:

①制定免疫程序时,应考虑母源抗体水平和持续时间、接种动物的年龄、畜群免疫率、本地区该病原体污染状况、传染病的发生和流行史、媒介动物出现的季节等。

②免疫接种前要观察畜群的健康状态,如是否有发热、下痢和其他异常行为等。

③妊娠母畜在产前和产后 10 d 不准免疫接种。

④接种弱毒疫苗后,致弱的病毒或细菌在体内增殖,使机体抵抗力下降,可能继发或混合感染细菌或支原体,应注意观察。

⑤接种灭活苗时,应考虑因注射大量异物引起的发热和疼痛等反应以及多次注射灭活苗所引起的过敏反应。

⑥冻干疫苗一经溶解应尽快使用,剩余的疫苗要无害化处理。

⑦接种弱毒疫苗后用过的空瓶要消毒或深埋处理,以免其他动物感染发病。

免疫接种须按合理的免疫程序进行。一个地区、一个畜牧场可能发生的传染病不止一种,而可以用来预防这些传染病的疫(菌)苗的性质又不尽相同,免疫期长短不一。因此,畜牧场往往需用多种疫(菌)苗来预防不同的病,也需要根据各种疫(菌)苗的免疫特性来合理地制订预防接种的次数和间隔时间,这就是所谓的免疫程序。

目前国际上还没有一个可供统一使用的疫(菌)苗免疫程序,各国都在实践中总结经验,制订出合乎本地区、本牧场具体情况的免疫程序,而且还在不断研究改进中。

**2)紧急接种**

紧急接种是在发生传染病时,为了迅速控制和扑灭疫病的流行,而对疫区和受威胁区尚未发病的畜禽进行的应急性免疫接种。从理论上说,紧急接种以使用免疫血清较为安全有效。但因血清用量大,价格高,免疫期短,且在大批畜禽接种时往往供不应求,因此在实践中很少使用。多年来的实践证明,在疫区内使用某些疫(菌)苗进行紧急接种是切实可行的。例如在发生猪瘟、口蹄疫、鸡新城疫和鸭瘟等一些急性传染病时,用已广泛应用的疫苗作紧急接种,取得了较好的效果。

在疫区应用疫苗作紧急接种时,必须对所有受到传染威胁的畜禽逐头进行详细观察和检查,仅能对正常无病的畜禽以疫苗进行紧急接种。对病畜及可能已受感染的潜伏期病畜,必须在严格消毒的情况下立即隔离,不能再接种疫苗。由于在外表正常无病的畜禽中可能混有一部分潜伏期患畜,这一部分患畜在接种疫苗后不能获得保护,反而促使它更快发病,因此在紧急接种后一段时间内畜群中发病反有增多的可能,但由于这些急性传染病的潜伏期较短,而疫苗接种后又很快就能产生抵抗力,因此发病率不久即可下降,最终使流行很快停息。

紧急接种是在疫区及周围的受威胁区进行,受威胁区的大小视疫病的性质而定。某些流行性强大的传染病如口蹄疫等,则在疫区周围 5 ~ 10 km 以上。这种紧急接种,其目的是建立"免疫带"以包围疫区,就地扑灭疫情,但这一措施必须与疫区的封锁、隔离、消毒等综合措施相配合才能取得较好的效果。

## 4.3.2 药物防治

规模化畜牧业生产必须尽力做到使畜群无病、无虫、健康才能避免重大的经济损失,而密闭式的高密度的饲养制度却又极易导致动物疫病的流行,极大地威胁着现代化养殖业的发展。为了解决这一矛盾,各式各样的疫苗应用于防疫实践,但是由于疫病种类繁多,病原体特性千差万别,所以还有不少疫病尚无疫苗资源可用,或者虽有疫苗但是预防效果不佳。因此,控制这些疫病除了加强饲养管理,搞好检疫淘汰、环境卫生和消毒工作外,应用群体给药的方法防制也是一项重要措施和一条有效途径。

**1)药物预防的原则和方法**

①选择合适的药物:首先预防用药一般选用常规药物,常规制剂不仅可以降低用药成本,同时可以避免耐药性和药物生命周期缩短,特殊情况下,预防疾病的目标很明确时可选用特定药物,如预防猪气喘病时可选用泰乐菌素或支原净。其次对发病猪群,有针对性地使用药物进行对症治疗,选用对病原高度敏感且抗菌谱相对较窄的抗菌药物,禁止乱用抗菌药物。严格执行各类药物停药期的规定,不能使用国家禁止的药物。

②严格掌握药物的种类、剂量和用法:预防用药种类不宜超过 2 种,剂量、用法应以药物制造商推荐的用法和剂量为依据,每一种药物均有其治疗的安全范围、有效范围,超出该范围均有可能造成药物中毒或无效。另外药物的给药途径会影响药物的药理作用。

③掌握好用药时间和时机,做到定期、间断和灵活用药。猪场应根据细菌性疾病发生的情况,制定各个极端猪群的合理科学的药物预防与保健方案。制订猪场寄生虫控制计划,选择高效、安全、广谱的抗寄生虫药物。执行寄生虫控制程序的猪场,应首先对全场猪进行彻底的驱虫,对怀孕母猪于产前 1 ~ 4 周内用一次抗寄生虫药物。对公猪每年至少用药 2 次。对体外寄生虫感染严重的猪场,每年应用药 4 ~ 6 次。所有仔猪在转群实用药一次。后备母猪在配种前用药 1 次,新进的猪只驱虫 2 次(每次间隔 10 ~ 14 d)后,并隔离饲养至少30 d才能和其他猪并群。

④穿梭用药,定期更换:一个养殖场或者一个动物群避免长期使用一种药物,应定期更换,交叉使用几种药物。

⑤注意经饲料、饮水给药应混合均匀,经饮水给药应让药物充分溶解。

**2)药物治疗需考虑的主要因素**

合理使用药物或生物制品来预防和治疗疾病是猪场兽医的一个重要责任,为此,猪场兽医应具备有关药物或生物制品的全面知识,包括使用药物或生物制品的风险及有关国家法规和国际法规。首先应考虑的因素是肉品的生产安全和动物福利的提高;其次应考虑的因素包括药物成本、药物效果和易用性。

一般来说,确定猪病治疗方案最复杂的环节是抗菌药物的选择,制定一个完善的抗菌药物治疗方案考虑的因素包括人类安全、动物福利、机体损伤和副作用、法规、药效与成本、药物用量与应用程序、治疗原则、预防原则、记录保存、药物稳定性等。

(1)确定治疗目标

在当前抗菌药物治疗方案中,确定治疗目标的标准过程是病原菌分离培养鉴定及检测分离菌株的药物敏感性的诊断过程。当分离培养菌及其药物的敏感性诊断过程无法获得时,可以综合已有的临床表现确定诊断结果,在药物敏感性方面查阅资料。

(2)根据病猪的生理状态选择药物

任何一个药物治疗方案均需考虑到动物给药都可能对动物自身平衡造成潜在的不良影响,动物用药后受益程度远大于用药给动物造成不良影响是选择药物治疗的一个先决条件。因此,使用抗菌药物应全面了解抗菌药物的主要类型、抗菌活性、药代动力学特性、药物毒性或其他不良反应等知识。

(3)根据药品的产品性能和使用规定制定治疗方案

根据药品的产品性能和使用规定制定治疗方案主要是临床给药途径。通常,严重感染时优先采用肌肉注射给药,肌肉注射药物可使其被完全吸收,注射部位一般选在耳后颈外侧以防止药物引起局部损伤和避免因臀部注射时可能导致坐骨神经损伤等副作用。在给药方面时,或难以从猪群中区别病猪或不便保定或打扰猪群时一般选用群体给药,对猪群而言,口服给药更容易实施,饮水给药是一种比饲料给药更快速的处理病猪群的方法,饮水给药能及时执行并且实用于不吃食的病猪。但饮水给药也有其劣势,并不是所有药物都能溶解于水,水可能会被溅出,有些药物载体可能堵住乳透式饮水器。根据环境温度、药物适口性及血药浓度确定饮水量(猪的日饮水量为其体重的8%~10%)等。因此,当选择饮水给药时要充分考虑上述因素。饲料给药通常用于预防和治疗慢性感染的长期给药模式。

(4)实施便利性和依从性

依从性也称顺从性、顺应性,指病人按医生规定进行治疗、与医嘱一致的行为,习惯称病人"合作";反之则称为非依从性。依从性可分为完全依从、部分依从(超过或不足剂量用药、增加或减少用药次数等)和完全不依从3类,在实际治疗中这三类依从性各占1/3。在兽医上依从性一般指遵守国家及国际兽药使用法规、药物休药期、限制耐药性的产生及药物使用的指导原则等。

(5)评价治疗效果和修订治疗方案(治疗效果不佳时)

治疗失败的原因主要如下:误诊、药物在感染部位上无活性、对感染治疗失败、不正确或不实用的实验室诊断、病原微生物的耐药性、慢性感染、采样错误或药物剂量不足等。治疗失败后必须重新进行临床诊断和重新采集样品进行实验分析。

3)猪场常规药物预防

①哺乳仔猪防病用药:预防肠道感染,如仔猪黄白痢、仔猪红痢等;预防脐带感染,如链球菌感染、葡萄球感染。补充铁和硒。

②断奶仔猪用药:预防水肿病、腹泻、呼吸道疾病、体表寄生虫病,减轻断奶应激等。

③育肥猪和后备猪防病用药:驱虫。

④种公猪用药:驱虫。

⑤母猪用药:空怀期驱虫,产后预防子宫炎和乳腺炎等产科疾病。

### 4.3.3 消毒

消毒是利用物理、化学或生物学方法杀灭或清除外界环境中的病原体,从而切断传播途径,防治疫病的流行。消毒是贯彻"预防为主"方针的一项重要措施。养猪场要重视消毒,也要科学消毒,使每一次消毒都取得理想的效果,因此要树立全面、全程、彻底、不留空白的消毒观念。

1)消毒的分类

根据消毒目的,可分以下3种情况:

(1)预防性消毒

结合平时的饲养管理对畜舍、场地、用具和饮水等进行定期消毒,以达到预防一般传染病的目的。此类消毒一般1~3天进行一次,每1~2周还要进行一次全面的大消毒。

(2)随时消毒

在发生传染病时,为了及时消灭刚从病畜体内排出的病原体而采取的消毒措施。消毒的对象包括患病动物所在的畜舍、隔离场地,以及患病动物的分泌物、排泄物和可能污染的一切场所、用具和物品,通常在解除封锁前进行定期多次消毒,患病动物隔离舍应每天消毒2次以上或者随时消毒。

(3)终末消毒

在病畜解除隔离、痊愈或死亡后,或者在疫区解除封锁之前,为了消灭疫区内可能残留的病原体所进行的全面彻底的大消毒。

2)消毒的方法

(1)机械性清除

用机械的方法如清扫、洗刷、通风等清除病原体。这是最普通、最常用的方法。同时清扫冲洗可除掉70%的病原,并为药物消毒创造条件。

(2)物理消毒法

用阳光、紫外线、干燥和高温(火焰灼烧、熏蒸消毒、蒸汽消毒)等方法杀灭病原体。

①通风干燥:减少病原体的数量并去除芽孢、虫卵以外的病原活性。

②太阳曝晒:适于对生产用具进行消毒。

③紫外线灯:适于对工作衣裤进行消毒。

（3）化学消毒法

化学药物消毒是最常见的消毒方法,用化学药品溶液进行消毒。药物消毒时,圈面清洁程度、药物的种类、浓度、喷药量、作用时间、环境温度等影响消毒的效果。在选择消毒剂时应先考虑对该病原体的消毒力强、在低浓度时就能杀死微生物、对人和动物的毒性小、对组织或物品无损害、易溶于水、在消毒的环境中比较稳定、不易失去消毒作用,即使有外界蛋白质、渗出液等存在时,也能产生迅速有效的抗菌作用,廉价易得和使用方便等因素。

（4）生物热消毒法

主要用于粪便及垃圾的无害处理,利用粪便中的微生物发酵产热杀死病原体(芽孢除外)和寄生虫虫卵等达到消毒目的,同时又保持了粪便良好的肥效。

### 3）消毒注意事项

①在使用消毒剂前彻底清除所有粪便及污物,并冲洗设备。

②使用消毒剂的稀释液。

③温度,如果使用热的消毒剂,大部分消毒剂的消毒效果会更好。

阳光也有消毒作用,但不稳定,消毒效果不显著。加热和一些化学消毒剂较为有效,应用蒸汽、热水、燃烧或沸腾的热能是一种有效的消毒方法,但这些方法在很多情况下并不可行。

### 4）消毒效果检测

为了充分发挥消毒在疫病防控中的作用,必须对被消毒对象进行消毒效果的检测,以确保消毒的效果。我们可以在猪场中应用微生物检测法,检查化学消毒药对猪场消毒的效果。对消毒效果检测方法的利用,要依据猪舍物体表面和空气等处采用不同的方法。

（1）猪舍物体表面消毒效果的检查

①棉拭子法:消毒前后,用5 cm×5 cm的标准灭菌规格板,放在被检物表面,如猪舍地面、墙壁和猪体等处,用浸有含相应中和剂无菌洗脱液的棉拭子对一区块涂抹采样,横竖往返各8次。采样后,以无菌操作方法将棉拭子采样端剪入原稀释液试管中,振荡20 s或振打80次,随后将洗液样品接种在普通琼脂培养基上,置37 ℃恒温箱培养24 h后进行菌落计数并计算出细菌杀灭率。不规则物体表面,如围栏、门窗、饮水器、食槽等处以及工作人员手上,用棉拭子直接涂擦采样。

②压印法:消毒前后,将无菌普通琼脂培养基直接接触所检物体10～20 s,再将培养皿盖好倒置。于37 ℃培养24 h后进行菌落计数并计算出细菌杀灭率。

（2）对猪舍空气消毒效果的检查

①自然沉降法:首先根据猪舍面积大小确定采样点位。然后,在消毒前后将待检猪舍门窗与通风口关闭好,取普通琼脂平皿放各采样5 min后,放入37 ℃恒温箱中培养24 h,计算消毒前后平皿生长的菌落数以及细菌杀灭率。对猪舍外空气也可采用此方法进行消毒效果的监测。

②液体吸收法:消毒前后,在空气采样瓶内放10 mL灭菌生理盐水,对准采样的空气连续抽气100 L,然后分别吸取0.5 mL、1 mL、1.5 mL接种至普通琼脂平皿内,37 ℃恒温箱中培养24 h,分别计算消毒前后平皿上生长的菌落数以及细菌杀灭率。

③冲击采样法:该方法是目前公认的标准空气采样法。采样时,将空气采样器放在设定点位1 m高处,利用空气采样器先抽取一定体积的空气,然后强迫空气通过狭缝直接高速冲

击到缓慢转动的琼脂培养基表面,37 ℃恒温箱中培养 24 h,比较消毒前、后的细菌数,计算出杀灭率。

（3）消毒效果评价和判定

①评价标准：比较消毒前后细菌菌落数,即可计算出细菌的杀灭率,根据结果判定消毒效果的好坏。目前,国际上的判定标准仍然按消毒剂对微生物的杀灭率来判定。公式如下：杀灭率$(\%) = (X - Y)/X \times 100\%$。其中：$X$ 为消毒前平均菌落数；$Y$ 为消毒后平均菌落数。

②消毒效果判定：消毒后如果细菌减少 80% 以上为良好,减少 70% ~ 80% 为较好,减少 60% ~ 70% 为一般,减少 60% 以下则为不合格,应重新消毒。

**5）猪场消毒程序**

（1）生活区大门

生活区大门应设消毒门岗,全场员工及外来人员入场时,均应通过消毒门岗,消毒池每周更换两次消毒液。

（2）进入生产区消毒

①生产区出入口设有男女淋浴室及 2 m 左右的消毒池,所有进入生产区人员（买猪人员禁止进入）都必须充分淋洗,特别是头发,然后换上工作服及雨鞋通过消毒池进入生产区（一般在消毒水中需浸泡 15 s 以上）；从生产区出来的所有人员也同时必须充分淋洗,特别是头发,然后换上自己的衣服进入生活区或办公区。

②用具在入场前需喷洒消毒药（很多猪场往往忽视这一点）。

③猪场大门入口处要设宽与大门相同,长与进场大型机动车车轮一周半长相同的水泥结构消毒池。

（3）猪舍门口消毒

每栋猪舍门口要设置消毒池或消毒盆,员工进入猪舍工作前,先经猪舍入口处脚踏消毒池消毒鞋子,然后在门口消毒盆中洗手,而且每日下班前必须更换消毒池和消毒盆中的消毒液。工作人员不消毒手和足就不能从一栋猪舍进入另一栋猪舍,本舍饲养员严禁进入其他猪舍。

（4）猪舍消毒

①舍内带猪消毒：猪舍内,连同猪舍外、猪场道路每周定期清洗及喷雾消毒两次,在疫病多发季节可以两天消毒一次或一天消毒一次,消毒时间选择在中午气温比较高时效果较好。但猪舍清洗要注意干燥及良好的通风。一般喷雾消毒选择季铵盐类消毒液以消灭细菌性病原,氯及酸性制剂以消灭病毒性病原。消毒方法是以正常步行的速度,对猪舍天花板、墙壁、猪体、地板由上到下进行消毒,对猪体消毒应在猪只上方 30 cm 喷雾,待全身湿透欲滴水方可结束,一只猪大约需 1 L 消毒水。

②实习小单元式"全进全出"饲养工艺：在每间猪群（日龄相差不超过 4 d）全部转出后或下批转栏前进行严格的消毒。消毒方法为猪舍空栏——清楚粪便及垃圾——高压水枪冲洗——喷洒消毒——干燥数日——熏蒸消毒——干燥数日——进猪。

（5）引种猪消毒

从场外引猪时需对猪体表进行消毒后再进行隔离饲养,在隔离饲养 30 d 确定没有疫情后方可入舍、合群。

（6）患病期消毒

出现腹泻等传染性疾病时，对发病猪群调圈、对该圈栏清扫（冲洗）、药物消毒、火焰消毒、干燥。水泥床面和水洗后易干燥的猪舍需要用水冲洗。

（7）周围环境消毒

定期对猪舍及其周围环境进行消毒；消毒程序和消毒药物的使用按 NY/T 5033《无公害食品生猪饲养管理准则》的规定执行。

（8）车辆消毒

运输饲料进入生产区的车辆要彻底消毒。运猪车辆出入生产区、隔离舍、出猪台要彻底消毒。本猪场车辆每次外出回来都应清洗消毒后方能停放在远离生产区的专用区域。

（9）种公猪

种公猪在采精前对下腹部及尿囊进行清洗，用0.1%的高锰酸钾水溶液消毒，然后用清水清洗；准备配种的母猪用清水清洗外阴部后，用0.1%的高锰酸钾水溶液消毒，再用水清洗一次，才能输精。

（10）母猪

母猪进入产房前，必须彻底清洗、消毒表皮。分娩前用0.1%的高锰酸钾清洁消毒一次，产栏必须保持清洁干燥。

（11）其他消毒

①猪转群时要清洗消毒。

②饲养用具要做到每天一清洗一消毒。

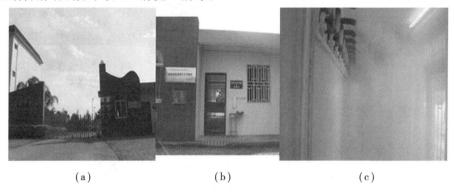

（a） （b） （c）

图4.1 生活区门口消毒门岗

图4.2 生产区消毒室

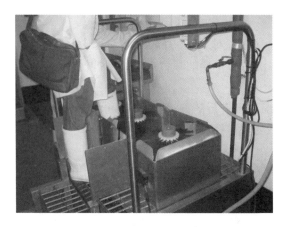

图 4.3　猪舍门口消毒

图 4.4　车辆轮胎消毒

图 4.5　车辆全自动喷雾系统

图 4.6　舍内消毒

图 4.7　猪舍周围环境消毒

图 4.8　周围环境消毒

### 4.3.4 杀虫

虻、蝇、蚊、蜱等节肢动物都是家畜疾病的重要传播媒介。杀灭这些媒介昆虫和防止它们的出现。在预防和扑灭家畜传染病方面有重要的意义。

猪场杀虫的方法不外乎建筑设计杀虫、药物杀虫、物理杀虫、生物杀虫。但是最重要的一点是水源的控制,以前的猪场都喜欢在修建的时候搞点亭台楼阁再有一个鱼池,现在有的猪场也还在这样做。我们知道,蚊蝇的繁殖都需要水,因此我们首先应该做的是不要给他们水喝和在水中繁殖的条件,在猪舍设计时不要设计露天的水源和水沟、粪沟,尽量做到人畜饮水不浪费,不留水塘,不修明沟,填平场内的集水坑和洼地,保持排水系统的畅通,储水器要加盖子,对不能加盖子的要定期换水。猪场的选址不在周围有很多露天水源的地方,不在沼泽地附近,不在屠宰场、垃圾处理场附近,避免蚊蝇、蟑螂、臭虫等,创造一个良好的猪场环境,以利于杀虫。

(1)物理杀虫法

①火焰喷烧昆虫聚局的墙壁、用具等的缝隙,或者以火焰焚烧昆虫聚局的垃圾等;②用沸水或者蒸汽烧烫车船、畜舍和衣物上的昆虫;③仪器诱杀,某些专用灯具、器具进行引诱杀灭,现在猪场多采用此种方法。

(2)生物杀虫法

利用昆虫的天敌或病菌及雄虫绝育技术等方法来杀灭昆虫,利用雄虫绝育来控制昆虫繁殖是近年来研究的新技术,其原理是用辐射使雄性昆虫绝育,使一定地区的昆虫繁殖减少;或者利用病原微生物感染昆虫,使其死亡;或者使用过量激素来抑制昆虫的变态或者蜕皮,影响昆虫的生殖。这些方法由于不造成公害、不产生抗药性等优点,已日益受到各国重视。此外天消灭昆虫繁殖的环境(排除积水、污水,清理粪便,间歇灌溉农田),都是有效的杀灭昆虫的方法。

图4.9 电子灭蚊器

(3)药物杀虫法

主要使用化学杀虫剂来杀虫。杀虫药使用不当会危害人类、家畜、野生动物和益虫,因此在使用杀虫药时,必须遵守基本的注意事项。如必须按照推荐用量使用;在合适的时间用药防止超过法定的残留量;比标签规定年龄小的猪禁止用药;禁止用药次数超出标签限制的次数;禁止流到或喷洒到附近的庄稼、牧场、家畜或其他非靶区;禁止长期与杀虫药接触;在使用农药过程中禁止吃东西、喝水或者抽烟;操作完后彻底清洗手和脸;每天工作后必须换洗衣服;正确和迅速处理所有空杀虫药容器,不重复使用。玻璃容器打碎或深埋,金属容器切割、压扁和掩埋以防止其再利用。

## 4.3.5　灭鼠

鼠类除了对人类经济生活造成直接损失外,对人和畜禽的健康也有极大危害。老鼠是许多自然疫源性疾病的贮存宿主,通过老鼠体外寄生虫叮咬、排泄物污染食品、草料、器械用品和环境,以及直接接触等方式,可传播猪瘟、口蹄疫、伪狂犬、鼠疫、端螺旋钩体病、地方性斑疹伤寒、流行性出血热、弓浆虫病、野兔热(土拉菌病)蜱传回归热、羌虫病、森林脑炎、吸血虫病、鼠咬热和肠道传染病等近 30 多种疫病;老鼠还会咬伤刚出生的仔猪,从而给猪场造成一定的经济损失;此外老鼠还破坏建筑及浪费饲料等。因此,猪场灭鼠具有重要意义,猪场首先对畜舍、饲料库等场所应注意做到防鼠的要求,特别对饲料的保藏处要杜绝鼠的进出。

灭鼠工作应从两方面着手,一方面根据鼠类的生态学特点防鼠、灭鼠,从畜舍建筑和卫生措施防着手,预防鼠类的滋生和活动,使鼠类在各种场所生存的可能性达到最低限度,使他们难以得到觅食和藏身之处。这就要求猪舍及周围的环境整洁,及时清除残留的饲料和生活垃圾,猪舍建筑如墙基、地面、门窗等方面要坚固,一旦发现洞穴立即封堵。另一方面采取各种方法直接杀灭鼠类,即器械灭鼠和化学药物灭鼠。

器械灭鼠:利用各种工具扑杀鼠类,如关、夹、压、扣、套、粘、堵(洞)、挖(洞)、灌(洞)等。猪场一般使用鼠夹、鼠笼子、粘鼠板和电子捕鼠器等简单的设备,这种方法的特点是简单,对人畜无害、安全、投资小、效率高。使用鼠笼、鼠夹之类的工具捕鼠,应注意诱饵的选择、布放的时间和方法。若在猪舍内、饲料库周围,则以蔬菜则瓜果作诱饵较为适合,而且诱饵要经常更换。

(a) (b)

图 4.10　灭鼠毒饵盒

化学药物灭鼠:化学灭鼠法在规模化猪场比较常用,特点是见效快、优成本低,缺点是容易引起人畜中毒。因此灭鼠药要选择对人畜安全的低毒的药物,且设专人负责撒药布阵、捡鼠尸,撒药时要考虑鼠的生活习性,有针对性地选择鼠洞、鼠道。

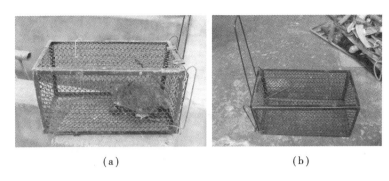

(a)　　　　　　　　　　　　　(b)

图 4.11　捕鼠笼子

图 4.12　电子捕鼠器

## 4.3.6　防鸟

飞鸟,比如麻雀、斑鸠、鸽子、燕子等跟人类关系密切的鸟类或一些候鸟,会在养猪场停留或觅食,它们也能给猪场带来一些病毒性的传染病(比如流感)和一些细菌性的传染病(比如肠杆菌)。因此做好驱鸟的工作也是相当重要的,可以采用如下方法。

①封闭式猪舍或者使用一些驱鸟的简单设备,避免各种鸟类对猪场的影响。

②使用遮阳网或捕鸟网进行拦截,避免各种鸟类飞进猪舍。

③播放鸟类天敌的录音,驱离各种鸟类。

④人工驱离。

　**小常识**

　　生物安全计划最基本的要求是管理猪场、畜牧场或者国家引进新病原的风险,使牧场间地方性疾病的传播最小化,而实现这些目标的措施包括隔离感染动物和非感染动物(或者隔离病原),全面清洗畜舍及设备,并进行适当的消毒管理。考虑生物安全比仅仅考虑家畜健康更重要,我们有义务发展一套更加全面的生物安全的方法,有助于认识农业对人畜共患传染病传播的贡献,养殖动物是人类食源性病原菌的来源,以及我们对环境和生物多样性带来的更广泛的影响。

问 题 探 究

　　1.在猪群保健中,即使使用了抗生素、药物和免疫接种等防治手段,为什么还要保持环境卫生清洁呢?

　　2.为什么在漏缝地板上室内饲养的猪感染寄生虫病较少?

　　3.解释自然免疫和被动免疫直接的差别。

　　4.分析猪免疫失败的原因。

 **思考作业**

　　1.目前猪场常用的消毒液有哪些?

　　2.阐述免疫接种注意事项。猪常见的免疫接种途径有哪些?

　　3.饲料给药和饮水给药应注意哪些事项?

# 项目5　粪污无害化

### 项目导读

　　目前畜禽标准化养殖要求畜禽良种化、养殖设施化、生产规范化、防疫制度化、粪污无害化。其中粪污无害化指畜禽粪污处理方法得当,设施齐全且运转正常,实现粪污资源化利用或达到相关排放标准。而畜禽粪污无害化处理技术是其中的关键。开展畜禽粪污治理有利于促进畜牧业向资源节约型和环境友好型转变,进而实现畜牧业的可持续发展,实现节能减排目标,达到削减畜禽粪污无害化处理的目的,对实现畜牧业循环经济发展具有重要意义。

## 【引言】

　　我国粪污管理政策经历了四个阶段,1980—1990 年属于环境保护法管理阶段,这期间出台了《水污染防治法》和《环境保护法》等。1990—2000 年属于农业和畜牧业政策管理阶段,期间出台了《农业法》和《大气污染防治法》等。2000—2010 年专门针对畜禽污染,出台了《畜禽养殖污染防治管理办法》,但真正将畜禽污染列入法律条例的却是 2014 年的《畜禽规模养殖污染防治条例》,其是为防治畜禽养殖污染,推进畜禽养殖废弃物的综合利用和无害化处理,保护和改善环境,保障公众身体健康,促进畜牧业持续健康发展而制定。

# 任务 5.1　猪场废弃物处理

## 5.1.1　废弃物种类及处理原则

### 1)废弃物种类

废弃物指整个生猪饲养过程中产生的粪、尿、污水、病死猪、垫料、组织留样、医疗废弃物和废弃饲料等。

①粪便等固形物　主要包括猪排泄的粪便、废饲料、废弃垫料等。

②尿污等污水　包括猪排泄的尿液、圈舍冲洗水和生活污水。

③病死猪　病死猪尸体和解剖后猪只的器官。

④特殊废弃物　包括组织样品、过期失效药品、医疗废弃物等。

**2）处理原则**

废弃物处理应在猪场隔离区域进行，按减量化、无害化、资源化、生态化和成本低廉化的原则，实施清洁生产、种养结合，实现生态良性循环。

## 5.1.2　废弃物处理系统及方法

**1）粪污处理**

养殖生产中粪污处理分为几个不同的阶段，这几个阶段包括：①粪污的收集和转移；②储存和处理；③施肥。

（1）粪污收集

采用"干稀分离、雨污分流"的原则收集猪粪尿和污水。干稀分离是采用清干粪、漏缝地板等工艺和设施使粪便中的固体与液体分开收集、处理和排放；雨污分流是采用雨水沟和粪尿沟两套独立的系统将自然雨水与猪场生产污水分开收集、处理和排放。粪便等固形物宜在舍内进行人工收集，用专用推车经污道转运到堆粪场，在堆粪场经过灭蝇蛆、除菌、消毒或好氧堆肥进行无害化处理。液态粪污宜采用舍内粪沟收集后进入主排污管沟，再进入储存和处理系统。

（2）粪污储存和处理

粪污的储存和处理一般采用漏缝地板下面的粪沟、距离猪舍较远的地上或者地下储粪池、厌氧或者好氧池、氧化沟、固液分离机或者机械脱水设备。

地下排粪沟：是最普通的储存液体粪污的方法，然而，为了给猪舍中的人和猪提供一个良好的环境，更多的生产者尝试着每天或者每周把猪舍内粪污转移到室外去储存。

储粪池：是利用微生物降解粪污，一般分为一段式或者两段式，一段式储粪池中的粪水可利用液粪车或者灌溉设备喷洒到地里；两段式储粪池系统中，第1段储粪池的粪水溢出到第2段储粪池中，第2段储粪池中的固体粪便含量很少，通常第2段储粪池的液体可以重新回收，用以冲洗猪舍的粪便，粪水再次冲入第1阶段的储粪池。由于通风的费用比较高，猪场中绝大多少的储粪池属于厌氧性的，某些情况下，为了减少气味，会在表面安置一些小型通风装置用于粪污的需氧处理。

储粪池必须要防漏，池的大小决定于粪污产量、养猪生产方式、储存时间、猪的数量、高压水清洗设备等。大的储粪池在使用时更具有灵活性。一般可通过公式估算储粪池的容积：容积＝头数×每日粪便产量（表5.1）×计划储存天数＋稀释水。

表 5.1　每天猪粪的大约产量

| 生产阶段 | 体重/lb | 粪便总量 | | | 水分/% | 密度/lb/ft³ | 氮/lb | $P_2O_5$/lb | $K_2O$/lb |
| --- | --- | --- | --- | --- | --- | --- | --- | --- | --- |
| | | lb | Ft³ | gal | | | | | |
| 保育期 | 25 | 2.7 | 0.04 | 0.3 | 89 | 62 | 0.02 | 0.01 | 0.01 |
| 育肥期 | 150 | 9.5 | 0.15 | 1.2 | 89 | 63 | 0.08 | 0.05 | 0.04 |
| 妊娠 | 275 | 7.5 | 0.12 | 0.9 | 91 | 62 | 0.05 | 0.04 | 0.04 |
| 哺乳 | 375 | 22.5 | 0.36 | 2.7 | 90 | 63 | 0.18 | 0.13 | 0.14 |
| 公猪 | 350 | 7.2 | 0.12 | 0.9 | 91 | 62 | 0.05 | 0.04 | 0.04 |

氧化沟:是一个氧化储粪池,以提高需氧细菌对粪污的分解,目的通常是控制气味,但粪水仍然是潜在的污染物。

沉淀池或废物池:沉淀系统通常都会有储粪池,其作用是固液分离和储存。因为液体注入池中时流速变慢,而非溶性估计就会沉淀下来,液体慢慢地流走,沉淀的固体粪便则在变干或者半干后被撒播到牧场或者田间。和储粪池相比,沉淀池一般较小而且浅得多。

(3)施肥

田间施肥可以使用液粪灌施肥机,把粪水注入土壤或者撒到地面,也可用灌溉方式;还可将干粪便撒到地表,当然施肥首先要有可利用的土地。一直以来,粪便就被当作肥料使用,粪便是工业氮、磷、钾的最好替代品,另外还可以大大增加土地中的有机质含量。

通常粪污处理系统的选择取决于粪便的最终用途,在选择前必须综合考虑所有的变化情况,参考《畜禽粪便无害化处理技术规范》(NY/T 1186—2006)的要求设计无害化处理工艺。处理后排放水必须符合《畜禽养殖业污染物排放标准》(GB 18596—2001)的要求;粪污利用达到《畜禽粪便安全使用准则》(NY/T 1334—2007)的要求。

**2)病死猪处理**

病死猪处理应符合《病害动物和病害动物产品生物安全处理规程》(GB 16548—2006)的相关要求。

①毁尸坑处理:一般病死猪可在毁尸坑进行无害化处理,毁尸坑容积宜按数据执行。

②焚尸炉处理:对发生国家一类传染病的病、死猪及其污染物,使用焚尸炉进行处理。

**3)特殊废弃物的处理**

特殊废弃物应单独收集,有效隔离,按照法律法规的相关规定处理,并作好记录;特殊废弃物运输应进行有效包装。

 **小常识**

可持续农业:一般指那些既符合生态学原理又有经济可行性的农业生产方式。成功的可持续家畜生产必须满足以下条件:(1)要有经济收入;(2)能维持或者提高环境质量;(3)能提高生产者的生活水平;(4)要善待动物。最好的情况是生产者能减少投入,实现营养再循环,出售增值产品,还能获得公众的积极认可。

1. 粪污对可持续农业而言重要吗?

2. 你是否赞同"粪污处理会是将来养猪业中的一大问题"这种说法?

3. 怎样处理粪污使之肥料价值最优化,还不会引起周围邻居的反对或者反感?

 **思考作业**

1. 在现代化猪舍中,怎样进行粪污管理? 所需设备又有哪些?

2. 列出最常见的粪污处理方法的优缺点。

# 参考文献

[1] 王爱国.养猪学[M].7版.北京:中国农业大学出版社,2007.

[2] 赵德明,等.猪病学[M].9版.北京:中国农业大学出版社,2008.

[3] Jeffery J. Zimerman.猪病学[M].9版.赵德明,译.北京:中国农业大学出版社,2008.

[4] 苏振环.现代养猪实用百科全书[M].北京:中国农业出版社,2005.

[5] 李炳坦,赵书广,郭传甲.养猪生产[M].北京:中国农业出版社,2006.

[6] 全国畜牧总站.生猪标准化养殖技术图册[M].北京:中国农业科学技术出版社,2012.

[7] 鲜凌瑾,杨定勇.养猪与猪病防治[M].成都:西南交通大学出版社,2013.

[8] 王振华,杨金龙.猪场生物安全控制[M].成都:西南交通大学出版社,2013.

[9] 尚书旗,董佑福,史岩,等.设施养殖工程技术[M].北京:中国农业出版社,2001.

[10] 胡新岗,蒋春茂.动物防疫与检疫技术[M].北京:中国林业出版社,2013.

[11] 李清宏,韩俊文.猪场畜牧师手册[M].北京:金盾出版社,2010.

[12] 孙卫东.消毒、免疫接种和药物保健技术[M].北京:化学工业出版社,2012.